14살에 시작하는
처음 물리학

14살에 시작하는
처음 물리학

1판 1쇄 발행일 2018년 9월 13일 1판 3쇄 발행일 2020년 10월 19일

글쓴이 곽영직 | 펴낸곳 (주)도서출판 북멘토

펴낸이 김태완 | 기획 및 책임편집 이희주 | 교정 김란영

편집 김정숙, 조정우 | 디자인 책은우주다, 안상준 | 마케팅 최창호, 민지원

출판등록 제6-800호(2006. 6. 13.)

주소 03990 서울시 마포구 월드컵북로 6길 69(연남동 567-11), IK빌딩 3층

전화 02-332-4885 | 팩스 02-6021-4885

이메일 bookmentorbooks@hanmail.net

페이스북 https://facebook.com/bookmentorbooks

ISBN 978-89-6319-273-4 43400

「이 도서의 국립중앙도서관 출판시도서목록(CIP)은 서지정보유통지원시스템 홈페이지(http://seoji.nl.go.kr)와 국가
자료공동목록시스템(http://www.nl.go.kr/kolisnet)에서 이용하실 수 있습니다.(CIP제어번호: CIP2018027617)」

청소년을 위한 본격 물리학 이론 배틀

14살에 시작하는 처음 물리학

곽영직 지음

북멘토

물리학을 어떻게 시작해야 할까?

물리학을 공부하면서 가장 많이 들은 말이 두 가지 있다. 하나는 "참 어려운 것을 공부하네요."이고, 다른 하나는 "머리가 좋은가 봅니다."이다. 사람들이 이런 말을 하는 것은 물리학이 어려워서 머리가 좋은 사람만 공부할 수 있다는 생각 때문일 것이다. 왜 이런 생각을 가지게 되었을까? 정말 물리학이 어렵기 때문일까? 아니면 물리학을 배우는 방법이 잘못되었기 때문일까?

우리 집에는 이제 막 말을 배우기 시작한 네 살배기 꼬마가 있다. 그런데 많은 책들 중에서 유아용으로 쓰인 물리책을 유독 좋아한다. 그러더니 어느 날은 자동차가 달리다가 멈추는 것은 마찰력 때문이라고 하여 주위 사람들을 놀라게 했다. 재미있어 참을 수 없다는 듯이 깔깔거리면서 마찰력이라는 말을 했다. 이 꼬마가 물리를 어렵게 느끼기 시작하는 것은 언제부터일까? 평생 물리가 어렵다는 생각을 하지 않고 살아가게 할 수는 없을까? 물리학을 공부하는 사람들을 보면 "참 재미있는 것을 공부하네요."라고 이야기하게 할 수는 없을까?

　이 질문들에 답하기란 쉬운 일이 아니다. 물리학은 자연 현상을 지배하는 기본 원리를 찾아내는 학문이다. 물리학이 어렵다고 느끼는 것은 그 기본 원리가 겉으로 드러나 있기보다 복잡한 자연 현상 속에 숨겨져 있기 때문이다. 그러나 미리부터 겁을 먹을 필요는 없다. 자연에 대한 이해가 넓고 깊어져 가는 역사적인 발자취를 따라 한 걸음 한 걸음 물리학의 세계로 들어가다 보면 어렵다는 심리적 장해 없이 깊이 있는 물리학을 만날 수 있기 때문이다. 복잡하고 다양한 자연 현상이 어떻게 하나의 원리로 꿰어지는지 일단 이해하고 나면 물리학의 매력에서 빠져나오기 어렵다.

　이 책에서는 물리학의 기본 개념들이 형성되는 과정을 역사적인 사건과 함께 비교적 자세하게 다뤘다. 서로 다른 이론을 가지고 경쟁했던 학자들의 이야기라서 더 재미있게 읽을 수 있을 것이다. 상대성 이론이나 양자 역학과 관련된 몇몇 부분은 열네 살에게는 다소 도전적인 내용일 수도 있지만, 새로운 것을 아는 재미가 어렵다는 느낌을 상쇄하고도 남을 것이라는 생각에 이 내용을 뺄 수 없었다.

　"참 재미있는 것을 공부하시네요." 이 책을 읽은 독자라면 물리학을 공부하는 사람에게 이렇게 이야기할 수 있으면 좋겠다. 물론 직접 물리학을 공부하는 사람이 되면 더 좋겠지만.

평생 물리학을 공부하고 있는 사람, 곽영직

차례

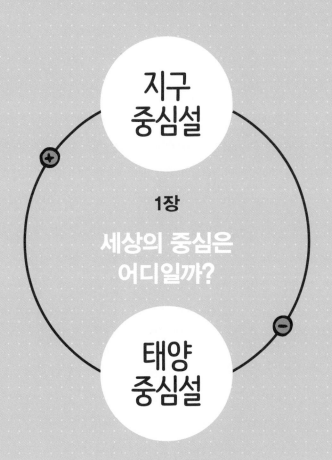

지구
중심설

1장

세상의 중심은
어디일까?

태양
중심설

갈릴레이의 재판

1633년 4월, 이탈리아 로마에 있는 종교 재판소에서는 두 달 전 69세가 된 갈릴레이(Galileo Galilei, 1564~1642)에 대한 재판이 진행되고 있었다. 이보다 10년 전인 1623년에 갈릴레이는 교황에게 『두 우주 체계에 대한 대화』라는 책을 써도 좋다는 허락을 받았다. 갈릴레이는 1624년부터 집필을 시작했지만 건강이 좋지 않아 책을 쓰는 데 오랜 시간이 걸렸다. 책을 완성한 것은 교황의 허락을 받고도 7년이 지난 1630년이었다. 갈릴레이는 곧바로 로마 교황청에 출판 허가를 요청했다. 하지만 쉽게 허가가 나지 않았다. 갈릴레이가 책을 쓰는 동안 가톨릭교회와 개신교도 사이의 전쟁인 30년 전쟁이 격화되어 가톨릭교회 안에 이단 학설을 엄격하게 금지해야 한다고 주장하는 사람들이 많아졌기 때문이었다. 갈릴레이는 로마에서 230km 떨어진, 로마보다 종교적으로 자유로웠던 플로렌스(지금의 피렌체)에 있는 교회에서 출판 허가를 받아 1632년 2월에 『두 우주 체계에 대한 대화』를 출판했다.

하지만 책이 출판되자 종교 재판소는 가톨릭교회의 전통적인 가르침에 어긋나는 이단적인 책을 썼다는 이유로 갈릴레이에게 재판소에 출두하라고

●─ 재판정에 선 갈릴레오(조지프 니콜라 로베르-플뢰리Joseph Nicolas Robert-Fleury 그림, 19세기).

요구했다. 갈릴레이는 몸이 쇠약해 로마까지 갈 수 없다고 했지만 종교 재판소는 스스로 줄두하지 않으면 체포해서 끌고 오겠다고 엄포를 놓았다. 할 수 없이 갈릴레이는 종교 재판소에 줄두하여 재판을 받기로 했다. 재판소는 갈릴레이가 쓴 『두 우주 체계에 대한 대화』도 죄다 압수하려 했지만 이미 모두 팔려 나가 책을 압수하지는 못했다.

　　재판을 맡은 재판관은 모두 열 명이었다. "죄를 인정하지 않으면 고문을 하겠소!" 재판관들은 이런저런 증거 자료와 고문 도구를 보여 주며 갈릴레이를 위협했다. 나이가 많아 쇠약했던 갈릴레이는 재판관들 앞에서 그들이 원하는 말을 들려주었다. "코페르니쿠스의 태양 중심설은 사실이 아닙니다. 다시는 태양 중심설을 주장하거나 다른 사람에게 가르치지 않겠습니다." 결과는 열 명의 재판관 중 일곱 명은 유죄, 세 명은 무죄였다. 이에 따라 유죄가 인정된 갈릴레이에게는 '무기 가택 연금형'이 선고되었다. 죽을 때까지 집 안에서만 생활해야 하는 벌이었다. 더 심한 처벌을 받지 않은 건 갈릴레이가 죄를 인정하고 용서를 빌었기 때문이었다. 그가 쓴 『두 우주 체계에 대한 대화』는 금서 목록에 추가되었다. 그 후 갈릴레이는 1642년까지 10년 동안 집에서 혼자 과학 연구를 계속하다가 쓸쓸히 세상을 떠났다.

『두 우주 체계에 대한 대화』는 프톨레마이오스가 주장한 지구 중심설과 코페르니쿠스가 주장한 태양 중심설을 비교해 놓은 책이었다. 지구 중심설과 태양 중심설을 비교한 책을 쓰는 데 왜 교황의 허락이 필요했을까? 교황의 허락까지 받고도 왜 갈릴레이는 이 책을 썼다는 이유로 벌을 받아야 했을까?

고대의 지구 중심설과 태양 중심설

갈릴레이가 쓴 『두 우주 체계에 대한 대화』라는 책이 왜 문제가 되었는지를 이해하기 위해서는 2500여 년 전 고대 그리스에서부터 이야기를 시작해야 한다. 지구 중심설과 태양 중심설은 코페르니쿠스나 갈릴레이가 살았던 16, 17세기가 아니라 고대 그리스에서 처음 등장했기 때문이다. 고대 그리스 시대에는 다양한 학문이 크게 발전했다. 철학, 윤리학, 문학, 과학을 비롯한 대부분의 학문이 고대 그리스에서 처음 시작되었는데 특히 천문학은 이후 오랫동안 후세에 영향을 끼쳤다.

고대 그리스인들은 지구가 우주의 중심이라고 믿었다. 그리고 정지해 있는 지구 주위를 모든 천체들이 돌고 있다고 생각했다. 태양과 달, 그리고 모든 별들이 매일 동쪽에서 떠서 서쪽으로 지는 것을 보면서 하늘이 지구 주위를 돌고 있다고 생각한 것은 어쩌면 당연한 일이었을 것이다.

별들의 움직임을 자세히 관찰해 보면 하늘 전체가 지구 주위를 돌고 있는 것처럼 보인다. 우산을 쓰고 빙글 돌려도 우산에 그려진 무늬의 모양이 변하지 않듯이, 하늘의 별자리 위치도 동쪽에서 서쪽으로 움직이지만 별자리 모양은 그대로이기 때문이다. 그래서 사람들은 마치 우산에 그려진 무늬처럼 별들이 하늘 천장에 붙박여 있고, 그런 하늘이 지구를 중심으로 돌고 있다고 생각했다.

그런데, 서로 자리를 바꾸지 않는 대부분의 별들과 달리 화성(화), 수성(수), 목성(목), 금성(금), 토성(토)은 매일 조금씩 별들 사이를 움직이며 자기 자리를 바꾸었다. 사람들은 자리를 바꾸는 다섯 개의 별을 떠돌이별(행성行星)이라고 부르고, 태양과 달과 더불어 특별한 천체로 여겼다. 태양과 달과 다섯 행성의 움직임을 잘 살피면 나라나 개인의 운세를 미리 알 수 있다는 믿음에서 점성술을 발전시키기도 했다.

그러나 과학자들은 이 일곱 천체의 운동을 과학적으로 설명하여 일식과 월식이 언제 일어날지를 미리 알아내고, 행성들의 미래 위치를 예측하려고 노력했다. 지구 중심설과 태양 중심설은 이 일곱 천체들과 지구의 운동을 설명하는 방법이었다.

고대 그리스 사람들은 대부분 지구를 중심으로 하늘이 돈다는 지구 중심설을 믿었지만 태양 중심설을 이야기한 사람도 있었다. 기원전 3세기, 지금은 터키에 속해 있는 사모스섬에서 활동했던 아리스타코스Aristarchos는 태양이 우주의 중심에 정지해 있고 지구를 비롯한 다른 천체들이 태양 주위를 돈다는 태양 중심설을 주장했다. 과학적인 관측 방법을 써서 달의 지름이 지구 지름의 약 4분의 1이라는 것을 밝혀내기도 했던 아리스타코스가 2200년 전에 제안한 태양 중심설은 현재 우리가 알고 있는 태양계에 대한 설명과 매우 비슷했다.

그러나 아리스타코스의 태양 중심설을 사실로 받아들이는 사람

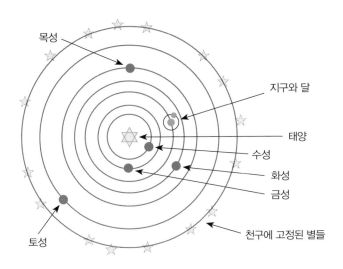

목성

지구와 달

태양

수성

화성

금성

천구에 고정된 별들

토성

● ― 아리스타코스의 태양 중심설.

은 많지 않았다. 당시 사람들은 지구가 빠르게 달리고 있다는 사실을 인정할 수 없었다. 말이나 마차를 타 보면 달리고 있는지 서 있는지 쉽게 알 수 있다. 따라서 지구가 빠르게 달리고 있다면 지구 위에서 살아가고 있는 우리가 그것을 느끼지 못할 리가 없다고 생각했다. 하지만 그 누구도 지구가 달리고 있다는 것을 느낄 수 없었고, 따라서 아리스타코스의 태양 중심설은 널리 받아들여지지 않았다.

일곱 천체의 운동을 과학적으로 설명하려는 노력은 계속되었다. 일곱 개의 천체가 지구 주위를 돈다는 설명으로 끝내기에는 눈에 보이는 천체들의 운동이 그리 간단하지 않았기 때문이다. 태양과 달, 그리고 다섯 개의 행성들은 날마다 조금씩 서쪽에 있는 별자리에서 동쪽에 있는 별자리 쪽으로 움직여 간다. 움직여 가는 속도는 천체마다 각기 다르다. 태양이 모든 별자리를 돌아 다시 제자리에 오는 데는 1년이 걸리지만, 화성은 약 686일, 그리고 목성은 약 12년이 걸린다. 문제를 복잡하게 만드는 것은 서로 다른 속도만이 아니었다. 화성이나 목성 그리고 토성의 운동을 자세히 살펴보면 이상한 일들이 벌어진다. 서쪽 별자리에서 동쪽 별자리를 향해 매일 조금씩 이동하던 행성들이 갑자기 방향을 바꾸어 서쪽 별자리로 갔다가 다시 동쪽으로 가기도 했다. 이것은 행성들이 지구 주위를 돈다는 것만으로는 설명할 수 없는 일이었다. 과학자들은 이 문제를 해결하기 위해 고민했다.

이 문제를 해결할 방법을 처음 제안한 사람은 기원전 2세기경에 활동했던 히파르코스Hipparchos였다. 최초로 별의 목록을 만들기도 했던 히파르코스는 행성들이 단순히 지구 주위를 돌고 있는 것이 아니라 지구 주위를 둘러싼 커다란 원(이심원)을 하나의 점이 돌고 있고, 이 점을 중심으로 한 작은 원(주전원)을 행성들이 돌고 있다고 설명했다. 행성들의 복잡한 운동을 두 원운동의 조합으로 설명한 것이다.

히파르코스의 제안을 받아들여 지구 중심설을 완성한 사람은 2세기에 알렉산드리아에서 활동했던 프톨레마이오스Claudios Ptolemaeos였다. 프톨레마이오스는 정밀한 관측 자료를 토대로 행성마다 다른 이심원과 주전원의 반지름을 정하고, 이심원과 주전원 위를 도는

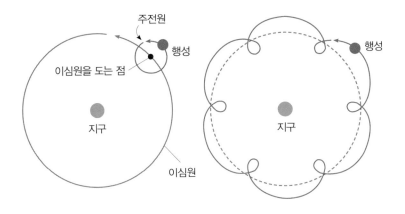

주전원

행성

이심원을 도는 점

지구

이심원

지구

행성

● ── 이심원 운동과 주전원 운동. 이심원 운동과 주전원 운동을 하는 행성을 지구에서 보면 오른쪽 그림처럼 보인다.

속도도 계산했다. 이 일은 많은 과학적 측정과 수학적 분석이 필요한 일이었다. 프톨레마이오스는 원운동을 조합하여 일식과 월식을 약간의 오차 내에서 예측할 수 있었고, 행성의 움직임도 상당히 정확하게 예측할 수 있었다.

수학적 계산을 통해 태양과 달과 다섯 행성들의 운동을 예측할 수 있다는 것은 놀라운 일이었다. 현대인들 중에는 지구 중심설이 뒤떨어진 학설이라고 생각하는 사람들이 많다. 하지만 지구 중심설은 매우 과학적이고 수학적인 훌륭한 이론이었다. 프톨레마이오스는 지구 중심설이 담긴 『천문학 집대성』이라는 책을 펴냈다. 책을 본 사람들은 이 책이 하늘의 비밀을 담고 있는 위대한 책이라고 감

탄했다.

그러나 4세기에 기독교가 로마의 국교로 정해지면서 고대 그리스의 과학을 더 이상 연구하거나 교육할 수 없게 되었다. 이에 따라 프톨레마이오스의 지구 중심설도 로마가 다스리던 지중해 연안이나 서유럽에서 자취를 감추었다. 하지만, 이때 로마가 다스리던 지역에서 종교적 견해가 달라 이단으로 박해받던 사람들 중 일부가 지금의 중동 지방인 아랍 지역으로 이주했고, 이들 덕분에 프톨레마이오스의 지구 중심설이 아랍에 전해졌다. 아랍인들은 『천문학 집대성』을 아랍어로 번역하고, 『알마게스트』라는 이름을 붙였다. 알마게스트는 '세상에서 가장 위대한 책'이라는 뜻이다. 아랍인들은 천체의 운동을 설명한 이 책을 세상 그 어떤 책보다 위대하다고 여겼던 것이다.

이렇게 해서 고대에서 중세까지 이어진 지구 중심설과 태양 중심설의 대결은 지구 중심설의 승리로 끝났다. 아리스타코스의 태양 중심설은 전체적인 모습에서는 오늘날의 태양 중심설과 비슷했지만 천체들의 위치를 예상할 수 있을 만큼 수학적이지 못했고, 우리가 살고 있는 지구가 빠르게 달리고 있다는 것을 납득시키지 못했기 때문에 널리 받아들여지지 않았다. 반면, 프톨레마이오스의 지구 중심설은 수학적 계산을 통해 태양이나 달의 운동과 다섯 행성의 운동을 어느 정도의 오차 범위 내에서 성공적으로 예측할 수 있었을 뿐만 아니라 우리가 살아가고 있는 지구가 우주의 중심에 정지해 있다고 설명하여 사람들이 쉽게 받아들일 수 있었다.

1096년에 시작되어 175년 동안 8차에 걸쳐 진행된 십자군 전쟁은 서유럽과 아랍의 교류가 활발해지는 계기가 되었다. 이 시기에 아랍에 보존되어 있던 프톨레마이오스의 지구 중심설이 다시 서유럽에 소개되었다. 아랍어로 번역되어 있던 『알마게스트』를 처음 본 유럽의 학자들은 태양과 달, 그리고 행성들의 운동을 상당히 정확하게 예측하는 『알마게스트』의 내용을 보고 깜짝 놀랐다. 학자들은 곧 『알마게스트』를 여러 나라의 언어로 번역했고, 대부분의 유럽 사람들이 프톨레마이오스의 지구 중심설을 받아들이게 되었다.

● 니콜라우스 코페르니쿠스(16세기, 폴란드 토룬Toruń 지역 박물관 소장).

그러나 폴란드에서 교회 직원으로 일하고 있던 니콜라우스 코페르니쿠스Nicolaus Copernicus, 1473~1543는 프톨레마이오스의 지구 중심설에 의문을 가졌다. 프톨레마이오스는 여러 개의 원운동을 조합하여 행성들의 운동을 설명했기 때문에 행성의 위치를 예측하기 위해서는 매우 복잡한 계산을 해야 했다. 이에 실망한 코페르니쿠스는 좀 더 간단하게 천체 운동을 설명할 수 있는 방법을 찾기 시작했다. 코페르니쿠스는 곧 모든 천체들이 태양 주위를 돈다고 생각하면 행성들의 운동을 보다 간단하게 설명할 수 있다는 것을 알게 되었다.

코페르니쿠스는 교회 옥상에 천문 관측소를 만들고 태양과 달, 그리고 행성들의 운동을 관측하면서 태양 중심설을 만들었다. 태양 중심설이라고 하면 지구를 비롯한 천체들이 그저 태양 주위를 돌고 있다고 주장하는 학설로 생각하기 쉽지만 사실은 그렇게 간단한 것이 아니다. 태양 중심설이 학설로 인정받기 위해서는 태양에서부터 각 행성까지의 거리와 행성들이 태양을 도는 속도를 알아내 천체들의 미래 위치를 예측할 수 있어야 한다. 코페르니쿠스는 약 20년 동안 천체들의 운동을 관측하면서 태양 중심설을 다듬었고, 마침내 20년이 지나서야 프톨레마이오스의 지구 중심설과 비슷한 정확도로 행성들의 운동을 예측할 수 있는 태양 중심설을 완성했다.

태양 중심설은 여러 개의 원운동을 가정하지 않고도 행성들의 운동을 설명할 수 있었다. 화성이나 목성이 앞으로 가다가는 뒤로 갔다 다시 앞으로 가는 것처럼 보이는 현상도 간단하게 설명할 수 있게 되었다. 화성이나 목성이 실제로 그렇게 움직이는 것이 아니라, 태양 주위를 빠르게 돌고 있는 지구에서 볼 때 그렇게 움직이는 것처럼 보일 뿐이라는 것이다. 코페르니쿠스는 이러한 내용을 『천체의 회전에 관하여』라는 책에 담았다.

『천체의 회전에 관하여』는 코페르니쿠스가 죽던 해인 1543년에 독일 뉘른베르크에서 출판되었다. 병석에 누워 있던 코페르니쿠스는 자신의 책이 출판되고 얼마 안 있어 세상을 떠났다. 코페르니

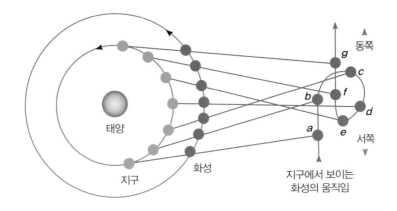

동쪽

g

c

b f

d

a e

서쪽

태양

지구

화성

지구에서 보이는
화성의 움직임

● 태양 중심설로 설명한 화성의 운동. 화성 같은 행성들이 뒤로 가기도 하고 앞으로 가기도 하는
것처럼 보이는 것은 화성보다 더 빠른 속력으로 태양을 돌고 있는 지구에서 관측하기 때문이다.

쿠스의 책은 그가 죽은 뒤에도 한동안 사람들의 관심을 끌지 못했
다. 일부는 태양 중심설이 참신한 주장이라고 생각했지만 대부분
의 사람들은 코페르니쿠스의 주장을 받아들이지 않았다. 이유는 여
러 가지였다. 첫째로, 모든 천체는 원운동을 해야 한다는 고대 그리
스의 믿음을 코페르니쿠스 또한 그대로 받아들였기 때문에, 코페르
니쿠스의 태양 중심설은 프톨레마이오스의 지구 중심설보다 행성
운동을 더 정확하게 예측하지 못했다. 간단하다는 것 말고는 코페
르니쿠스의 태양 중심설은 지구 중심설보다 별로 나을 것이 없었던
것이다. 두 번째 이유는 죽은 코페르니쿠스를 제외하면 태양 중심
설을 잘 알고 있는 사람이 없어서 그 내용을 널리 알릴 사람이 없었

다는 것이다. 그리고 마지막으로, 지구가 태양 주위를 빠르게 달리고 있다는 사실을 납득시킬 수가 없었다. 이런 이유로 코페르니쿠스의 태양 중심설은 고대 그리스 시대에 등장했던 아리스타코스의 태양 중심설처럼 역사 속으로 묻힐 뻔했다.

케플러와 태양 중심설

사람들의 기억 속에서 멀어져 가던 코페르니쿠스의 태양 중심설을 다시 살려 낸 사람은 독일의 천문학자 요하네스 케플러^{Johannes Kepler, 1571-1630}였다. 코페르니쿠스가 죽고 28년이 지난 1571년에 태어난 케플러는 티코 브라헤의 관측 자료를 이용해 코페르니쿠스의 태양 중심설을 완성하는 역할을 했다.

케플러의 스승이었던 브라헤는 덴마크의 뛰어난 천문학자로 자신이 설립한 천문대에서 20년 동안 행성들의 운동을 관측하고 정밀한 관측 자료를 수집했다. 그는 관측 자료를 이용해 모든 행성들은 태양 주위를 돌고, 태양은 다시 지구 주위를 돈다는 자신의 천문 체계를 완성하려고 했다. 관측에서 뛰어난 능력을 발휘했던 브라헤였지만 자료를 수학적으로 분석하는 일에서는 다른 사람의 도움을 받아야 했다. 브라헤의 자료를 수학적으로 분석하는 일을 도와준 사람이 바로 케플러였다. 하지만 브라헤는 자신의 뜻을 이루지 못

하고 일찍 죽고 말았다. 케플러는 브라헤
가 가지고 있던 방대한 관측 자료를 넘겨
받았다.

케플러는 브라헤의 자료를 이용해 브
라헤의 체계가 아니라 코페르니쿠스의 태
양 중심설을 정교하게 가다듬는 작업을
시작했다. 브라헤를 만나기 전부터 코페
르니쿠스의 태양 중심설을 잘 알고 있었
던 케플러는 브라헤의 체계보다는 코페르
니쿠스의 태양 중심설을 더 신용했기 때
문이다. 그가 처음 시도한 것은 화성의 궤

● 요하네스 케플러.

도를 정하는 일이었다. 케플러는 브라헤의 관측 자료를 바탕으로
화성이 태양으로부터 얼마나 멀리 떨어진 곳에서 얼마의 속력으로
태양 주위를 돌고 있는지를 정확하게 결정하려고 했다. 그것은 수
없이 많은 수학 계산을 해야 하는 복잡한 작업이었다. 뛰어난 수학
적 분석 능력을 지닌 케플러에게도 이것은 쉽지 않은 일이었다. 많
은 계산을 해 보았지만 계산 결과와 브라헤의 관측치 사이에는 언
제나 작은 차이가 있었다.

5년 동안이나 관측 자료와 씨름하던 케플러는 자신의 분석 작
업이 근본적으로 잘못되었다는 것을 알게 되었다. 그는 코페르니쿠
스의 생각을 그대로 받아들여 화성이나 지구가 원운동을 하고 있으

며, 속력이 항상 일정할 것이라고 가정했다. 하지만 브라헤의 관측 자료에 의하면 그것은 가능하지 않았다. 케플러는 생각을 바꾸어 행성은 원운동이 아니라 타원 운동을 하고 있으며, 속력도 태양에 가까워지면 빨라지고 멀어지면 느려진다고 가정했다. 그러자 비로소 관측 자료와 일치하는 화성의 궤도식이 완성되었다. 이것이 케플러가 발견한 행성 운동의 제1법칙과 제2법칙이다. 케플러의 발견은 2000년 이상 사람들이 믿고 있었던 생각을 바꾼 혁명적인 사건이었다. 케플러 덕분에 코페르니쿠스의 태양 중심설은 훨씬 더 정교해졌다. 케플러는 행성 운동의 법칙을 담은 『신천문학』이라는 책을 1609년에 출판했다.

행성 운동의 제1법칙과 제2법칙을 발견한 케플러는 행성 운동을 좀 더 정밀하게 분석하여 1618년에는 행성 운동에 관한 제3법칙을 발견했다. 제3법칙은 행성이 태양 주위를 도는 공전 주기의 제곱은 궤도 반지름의 세제곱에 비례한다는 것이었다$(T^2 \propto a^3)$. 이것은 행성은 물론 위성들에도 적용되는 일반적인 법칙이다. 이 내용은 『우주의 조화』라는 책에 실려 있다. 그러나 케플러의 책들은 수학적으로 복잡한 내용을 담고 있어서 일반인들에게는 널리 알려지지 않았다. 일반인들이 태양 중심설을 받아들이도록 하는 데 크게 기여한 사람은 이탈리아의 갈릴레오 갈릴레이였다.

갈릴레이와 태양 중심설

갈릴레이는 1564년에 이탈리아에서 태어났다. 처음에는 대학에서 의학을 공부했지만 곧 수학과 과학으로 전공을 바꿨다. 케플러가 행성이 타원 운동을 하고 있다는 것을 발표한 1609년에 갈릴레이는 네덜란드에서 발명된 망원경에 대한 소문을 들었다. 갈릴레이는 망원경에 큰 호기심을 느꼈다. '멀리 있는 물체를 가까이에 있는 것처럼 크게 볼 수 있다니!' 갈

● — 갈릴레오 갈릴레이(유스투스 서스테르만 Justus Susterman 그림, 1636, 영국 그리니치 국립해양박물관 소장).

릴레이는 곧 스스로 망원경을 만들어 하늘의 천체들을 관측하기 시작했다. 그는 이전 사람들이 보지 못했던 것을 보았다. 갈릴레이는 달의 산과 골짜기, 태양의 흑점, 목성의 4대 위성, 토성의 띠, 금성의 위상 변화를 관측했고, 은하수가 희미한 별들로 이루어져 있다는 사실도 새롭게 알아냈다.

태양계에서 가장 큰 행성인 목성은 많은 위성을 가지고 있는데 그중 네 개는 매우 커서 작은 망원경으로도 쉽게 관측할 수 있다. 갈릴레이가 처음 발견했기 때문에 이 네 위성들을 오늘날에도 갈릴레이 위성이라고 부른다. 목성에 위성이 있다는 사실은 모든 천체가 지구 주위를 돌고 있는 건 아니라는 것을 알게 해 주었다. 그런 뜻에

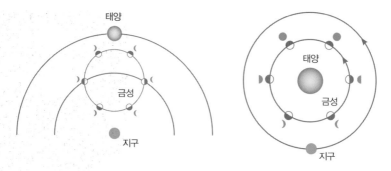

● 지구 중심설에서 예상한 금성의 위상 변화(왼쪽)와 태양 중심설에서 예상한 금성의 위상 변화(오른쪽).

서 갈릴레이 위성은 코페르니쿠스의 태양 중심설이 옳다는 간접적인 증거가 될 수 있었다.

　태양 중심설이 옳다는 더 직접적인 증거는 금성의 위상 변화였다. 금성은 모든 천체들 중에서 태양 다음으로 밝다. 그래서 맨눈으로 보면 그저 밝은 점으로 보인다. 그러나 망원경으로 보면 금성도 달처럼 모양이 변하는 것을 알 수 있다. 이처럼 주기적으로 모양이 변하는 것을 위상 변화라고 하는데 위상 변화를 자세히 관찰하면 지구 중심설이 맞는지 태양 중심설이 맞는지 알 수 있다. 지구 중심설에 따르면 금성은 항상 조각달 모양으로 보여야 하지만 태양 중심설에 의하면 금성도 달과 마찬가지로 둥근 모양, 반원 모양, 조각달 모양 등으로 모양이 바뀔 수 있다. 갈릴레이는 금성의 모양이 바뀌는 것을 자세하게 관측하고 코페르니쿠스의 태양 중심설이 옳다고 확신하게 되었다.

갈릴레이는 이런 내용을 1610년에 『별들로부터의 메시지』라
는 책으로 펴냈다. 그러자 교회에서 코페르니쿠스의 태양 중심설
을 문제 삼기 시작했다. 지구도 태양을 돌고 있는 행성 중 하나라는
코페르니쿠스의 주장은 신의 특별한 피조물인 사람들이 사는 지구
를 우주의 중심이라고 설명한 성경의 내용에 어긋난다는 것이었다.
1616년 가톨릭교회에서는 코페르니쿠스의 태양 중심설을 이단 학
설로 규정하고, 누구도 코페르니쿠스가 쓴 책을 읽거나 태양 중심
설의 내용을 가르칠 수 없도록 했다. 갈릴레이는 교회의 이런 결정
에 승복할 수 없었지만 따르지 않을 수 없었다.

갈릴레이의 『두 우주 체계에 대한 대화』

코페르니쿠스의 태양 중심설을 자세히 설명할 수 있기를 바라
고 있던 갈릴레이에게 좋은 기회가 찾아왔다. 갈릴레이와 친분이
있던 사람이 새로운 교황이 된 것이다. 갈릴레이는 교황을 여러 번
만나 태양 중심설과 지구 중심설을 비교하는 책을 쓸 수 있도록 허
락해 달라고 거듭 요청하여 허락을 받아 냈다.

갈릴레이가 쓴 『두 우주 체계에 대한 대화』는 세 사람의 등장 인
물이 태양 중심설과 지구 중심설을 놓고 4일 동안 토론을 벌이는

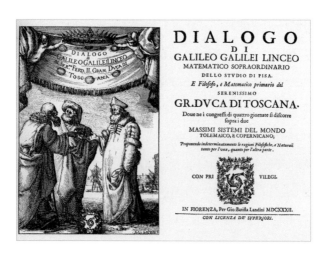

● ─ 1632년에 출간된 갈릴레이의 『두 우주 체계에 대한 대화』 제목 페이지.

내용으로 되어 있었다. 살비아티는 코페르니쿠스 체계를 옹호하는 학자로 갈릴레이를 대변하는 인물이었고, 광대인 심플리치오는 지구 중심설의 열렬한 추종자였다. 학자인 살비아티는 논리적으로 태양 중심설을 설명하지만, 광대인 심플리치오는 감정적으로 지구 중심설이 옳다고 우긴다. 이 두 사람의 토론을 중재하는 역할을 맡은 사그레도는 중립적인 입장을 취하는 듯하지만, 살비아티 편에 서서 심플리치오를 야단치기도 한다. 따라서 겉으로 보기에는 태양 중심설과 지구 중심설을 비교한 것처럼 보이지만 사실은 태양 중심설을 알리기 위한 책이라는 것을 누구나 쉽게 알 수 있었다. 또한 갈릴레이는 이 책을 당시 학자들이 사용하던 라틴어가 아니라 일반인들이 사용하던 이탈리아어로 썼다. 이는 태양 중심설을 일반 사람들에게 널리 알리기 위한 것이었다.

결국 가톨릭교회는 이 책의 내용을 문제 삼아 갈릴레이를 재판에 회부했다. 재판에서 갈릴레이는 큰 벌을 피하기 위해 코페르니쿠스가 옳다는 자신의 생각이 잘못되었다고 시인했다. 덕분에 감형을 받아 가택 연금형을 받았고, 결국 가택 연금 상태에서 일생을 마쳤다.

겉으로만 보면 여전히 지구 중심설의 승리였다. 하지만 교회의 탄압에도 불구하고 태양 중심설을 받아들이는 사람들이 점점 늘어났다. 그러자 교회도 더 이상 지구 중심설을 고집할 수 없게 되었다. 결국 교회는 더 이상 과학적 논쟁에 간여하지 않기로 했다. 이후 과학자들은 그들의 연구 결과를 이유로 교회에서 재판을 받는 일이 없어졌고, 태양 중심설은 모두가 받아들이는 정설이 되었다.

돌고 도는 우주

그렇다면 현대 과학으로 보았을 때는 지구 중심설과 태양 중심설 중 어떤 것이 옳을까? 현대 과학의 입장에서 보면 지구 중심설이나 태양 중심설 모두 문제가 있다. 우리는 흔히 달이 지구를 돌고 있다고 말하지만 이 말은 맞는 말일 수도 있고 틀린 말일 수도 있다.

지구의 질량은 달의 질량의 약 81배이다. 따라서 지구와 달을 잇는 직선을 그리고 이 직선을 82등분하여 눈금을 매겼을 때 지구 중심으로부터 한 눈금 떨어진 곳이 지구와 달의 질량 중심점이다. 달과 지구는 모두 이 질량 중심점을 중심으로 돌고 있다. 하지만 질량 중심점이 지구 밖에 있는 것이 아니라 지구 내부에 있기 때문에 달은 마치 지구 주위를 도는 것처럼 보인다. 반면, 지구는 내부에 있는 점을 중심으로 작은 원을 그리며 돌기 때문에 돌고 있는 것을 눈치 채기 어렵다. 따라서 엄밀하게 말하면 달과 지구는 서로 돌고 있는 것이지만 달이 지구를 돌고 있다고 해도 크게 틀린 말은 아니다.

이것은 태양계의 경우에도 마찬가지이다. 태양계 전체의 질량 중심점은 태양 내부에 있다. 태양의 질량이 태양계 전체 질량의 대부분을 차지하고 있기 때문이다. 따라서 태양계의 천체들이 태양을 돌고 있다고 해도 크게 틀린 말은 아니지만, 엄밀하게 말하면 질량 중심점을 중심으로 태양도 돌고 있다.

태양 중심설은 작게 움직이는 태양을 중심으로 태양계 천체들의 운동을 설명한 것이고, 지구 중심설은 크게 움직이고 있는 지구를 중심으로 태양계 천체들의 운동을 설명한 이론이었다. 따라서 지구 중심설이 태양 중심설보다 훨씬 더 복잡할 수밖에 없었지만, 틀린 이론이라고 할 수는 없다. 어떻게 생각하면 더 복잡한 수학 계산을 통해 태양계 천체들의 운동을 상당히 성공적으로 설명한 지구 중심설이 훨씬 더 놀라운 학설이라고 할 수도 있을 것이다. 지구 중심설은 틀린 학설이 아니라 단지 복잡한 학설이었던 것이다.

한편, 태양 중심설과 지구 중심설은 모두 별들의 운동을 설명하는 데 큰 오류를 범하고 있었다. 태양 중심설과 지구 중심설에서는 별들이 하늘 천정에 고정되어 있고, 이 천정이 지구나 태양 주위를 돌고 있다고 설명했다. 다만 코페르니쿠스는 프톨레마이오스보다 천정이 훨씬 더 멀리 있다고 주장했다. 그러나 그것은 사실이 아니다. 태양계는 수천억 개의 별들로 이루어진 은하의 일부로 은하의 중심을 돌고 있다. 우리 은하 역시 수많은 은하들로 이루어진 거대한 은하단의 일부로 그 중심을 돌고 있다. 결국 모든 천체들은 서로를 돌고 있는 것이다. 천체들이 모두 서로 돌고 있는 것은 천체들 사이에 작용하는 중력 때문이다. 천체들이 돌지 않고 가만히 있으면 중력에 의해 하나로 합쳐진다. 그러나 서로를 돌고 있으면 중력을 이겨 낼 수 있다. 지구가 태양을 도는 것도, 달이 지구를 도는 것도 모두 중력을 이겨 내기 위한 몸부림이라고 할 수 있다. 모든 천체들이 서로 돌고 있는 우주에서는 중심이 따로 존재하지 않기 때문에 현대 과학으로 보면 태양 중심설과 지구 중심설의 논쟁은 의미 없는 것이 되었다.

"그래도 지구는 돌고 있다"

갈릴레이가 종교 재판소에서 『두 우주 체계에 대한 대화』를 출판했다는 이유로 종신 가택 연금형을 선고받고, 교회를 나오면서 "그래도 지구는 돌고 있다."고 말했다는 이야기가 전해진다. 늙고 노쇠했던 갈릴레이가 여러 날 계속된 힘든 재판을 끝내고 나오면서 자신이 법정에서 했던 진술과 반대되는 말을 공개적으로 했다는 것은 사실이 아닐 가능성이 크다. 그러나 이 말은 당시 갈릴레이의 심정을 가장 잘 나타내는 말로 인식되어 인용하는 사람들이 많아지면서 유명해졌다. 이 말에는 어떤 뜻이 숨어 있을까?

1616년 갈릴레이는 자신을 후원하고 있던 메디치가 대공의 어머니에게 보낸 편지에서 "성경의 내용이 수학적으로 증명된 과학적 사실과 모순이 있을 때는 성경의 내용을 문자 그대로 해석하면 안 됩니다. 코페르니쿠스의 태양 중심설은 계산을 위한 수학적 모델이 아니라 물리적 사실입니다."라고 주장했다.

교회에서 태양 중심설을 이단 학설로 규정한 뒤에도 갈릴레이는 교회의 결정에 승복할 수 없었다. 독실한 가톨릭교회 신자였지만 합리주의자였던 그는 1623년에 출판된 『시금자(IL Saggiatore, '금의 함량을 분석하는 사람'을 말하며 사실을 밝히는 사람이라는 뜻으로 썼다.)』라는 제목의 책에 다음과 같이 썼다.

"철학*은 우리가 이해하기를 기다리며 자연이라는 거대한 책에 쓰여 있다. 그러나 자연이라는 책은 그것을 기록한 글자를 읽는 방법을 배우기 전에는 이해할 수 없다. 자연은 수학이라는 언어로 쓰여 있다. 이것을 쓰는 데 사용된 글자는 삼각형, 원과 같은 기하학적 형상들이어서 이런 것들을 이해하지 못하고는 자연에 기록되어 있는 내용을 이해할 수 없다. 수학을 이해하지 못하면 어두운 심연을 헤매는 것과 마찬가지이다."

갈릴레이는 또한 "성경은 하늘이 어떻게 운행하는지를 가르쳐 주는 책이 아니라 어떻게 하늘나라에 가는지를 가르쳐 주는 책이다."라고 말하기도 했다. 갈릴레이의 이러한 주장이나 말들은 종교적 교의와 과학적 사실이 충돌할 때 우리가 어떤 판단을 해야 하는지를 잘 나타낸다.

● 『시금자』 제목 페이지(갈릴레오 박물관 소장).

● 여기서 철학Philosophy은 오늘날의 과학을 의미한다. 당시에는 과학이라는 단어가 따로 없었고, 모든 학문이 철학이었다. 물리학도 철학의 일부였다.

아리스토
텔레스

2장

힘과 운동 사이에는 어떤
관계가 있을까?

뉴턴

핼리의 방문

에드먼드 핼리Edmond Halley, 1656~1748는 핼리 혜성이 76년을 주기로 태양 주위를 돌고 있다는 것을 처음 밝혀낸 과학자로 잘 알려져 있다. 핼리는 1660년에 영국 런던에서 설립된 왕립 협회에서 활발하게 활동하던 과학자들 중 한 사람이었다. 그런데 핼리에게는 한 가지 커다란 고민거리가 있었다. 그것은 케플러가 1609년과 1618년에 발표한 행성 운동 법칙을 이론적으로 설명할 수 없다는 것이었다. 케플러의 행성 운동 법칙은 관측 자료를 분석하여 알아낸 실험법칙이었다. 과학자들은 왜 이런 법칙이 성립하는지를 이론적으로 설명해 내야 했다. 그러나 당시에는 아직 힘이 어떤 작용을 하는지, 천체들 사이에 어떤 힘이 작용하는지 알려지지 않았기 때문에 핼리와 동료들은 케플러의 행성 운동 법칙을 이론적으로 설명하는 일에 어려움을 겪고 있었다. 그들은 태양과 행성들 사이에 거리 제곱에 반비례하는 힘이 작용하고 있을 거라고 어렴풋이 생각했지만 왜 그런 힘이 작용하는지, 그런 힘이 작용하면 왜 케플러의 행성 운동 법칙이 성립하는지를 수학적으로 증명하지 못했다.

1684년 8월, 핼리는 케임브리지 대학 교수로 있던 뉴턴Isaac Newton,

1642~1727을 방문하여 여러 가지 이야기를 나누다가 케플러의 행성 운동 법칙 문제를 꺼냈다. "왕립 협회 회원들이 케플러의 행성 운동 법칙을 수학적으로 증명하려 했지만 실패하고 말았습니다. 선생님은 이 문제에 대해 생각해 본 적이 없으신지요?" 이 말을 들은 뉴턴은 기다렸다는 듯이 말했다. "천체들이 타원 궤도를 도는 건 태양과 천체들 사이에 거리 제곱에 반비례하는 힘이 작용하기 때문입니다. 거리 제곱에 반비례하는 힘이 작용

● — 아이작 뉴턴(고드프리 넬러Godfrey Kneller 그림, 1689).

하면 타원 운동을 한다는 것을 쉽게 증명할 수 있습니다. 저는 이 문제에 대한 계산을 이미 오래전에 끝내 놓았습니다." 자신들이 그렇게 고민하고 있던 문제에 대해 거침없이 대답해 버리는 뉴턴을 보고 핼리는 깜짝 놀랐다. 게다가 이미 계산까지 끝마쳤다니! 뉴턴의 계산을 보고 싶어 하는 핼리에게 뉴턴은 "궁금하다면 내가 계산한 결과를 정리해서 보내 드리지요." 하고 약속했다.

그해 11월 핼리는 뉴턴으로부터 『물체의 궤도 운동에 관하여』라는 제목의 아홉 쪽짜리 논문을 받았다. 이 논문에는 태양과 행성 사이에 거리 제곱에 반비례하는 힘이 작용하면 행성들이 타원 운동을 하게 된다는 것이 수학적으로 증명되어 있었다. 핼리는 이 논문이 과학을 크게 발전

시킬 수 있는 혁명적인 내용이라는 것을 바로 알아차렸다. 그는 이 논문의 출판 문제를 협의하기 위해 서둘러 다시 케임브리지로 뉴턴을 찾아갔다. 핼리는 출판을 서두르라고 뉴턴을 설득했다. "선생님이 보내 주신 논문은 대단한 내용입니다. 이런 것을 그대로 두어서는 안 됩니다. 잘못하다가는 다른 사람이 먼저 이 내용을 논문으로 발표할지도 모릅니다." 뉴턴은 핼리의 권유를 받아들여 자신이 발견한 내용을 책으로 써서 출판하기로 했다.

핼리는 그해 12월 10일 자신이 뉴턴과 만나서 한 이야기들을 왕립 협회에 보고했다. 그리하여 뉴턴의 운동 법칙과 중력 법칙이 포함된 『자연 철학의 수학적 원리』라는 제목의 책 세 권이 1687년에 출판될 수 있었다. '프린키피아'라고도 불리는 이 책은 인류 역사상 가장 위대한 책으로 꼽힌다. 이 책으로 인해 근대 과학이 탄생했으며, 사람들이 살아가는 모습과 생각하는 방법이 완전히 달라졌다. 그렇다면 대체 이 책의 내용이 뭐길래 그렇게 대단한 평가를 받는 것일까? 뉴턴은 언제 어떻게 이 책에 실린 내용들을 알아냈을까? 그리고 그렇게 중요한 발견을 왜 핼리가 방문할 때까지 발표하지 않고 있었을까?

아리스토텔레스의 역학

　　뉴턴 역학이 등장하기 이전 2000년 동안 사람들이 알고 있던 중력에 대한 생각, 힘과 운동 사이의 관계에 대한 설명은 고대 그리스의 아리스토텔레스^{Aristoteles, BC 384~BC 322}가 제안한 것이었다. 고대 과학을 세우는 데 크게 공헌한 아리스토텔레스는 중력을 힘이 아니라 물질이 가지고 있는 성질이라고 설명했다. 돌이나 금속과 같은 무거운 물질은 우주의 중심으로 돌아가려는 성질을 가지고 있고, 공기나 불과 같이 가벼운 물질은 우주의 중심에서 멀어지려는 성질을 가지고 있다는 것이다. 그는 또한 무거운 물체일수록 우주의 중심으로 돌아가려는 성질이 더 강하며, 모든 물체가 땅으로 떨어지는 것은 지구가 우주의 중심에 정지해 있기 때문이라고 말했다.

　　아리스토텔레스는 물체의 운동을, 힘이 필요한 운동과 힘이 필요 없는 운동으로 구분했다. 물체가 땅으로 떨어지는 것과 같은 운동은 물체가 가진 성질에 의해 일어나는 운동으로 힘이 작용하지 않아도 일어나는 자연 운동이라고 했다. 천체들의 경우에는 완전한 운동인 원운동을 자연 운동으로 보았다. 따라서 천체는 아무런 힘이 작용하지 않아도 원운동을 계속할 수 있다고 설명했다. 프톨레마이오스가 지구 중심설에서 천체들의 운동을 원운동의 조합으로 설명하려 한 것은 이 때문이었다. 코페르니쿠스의 태양 중심설에서 천체가 원운동을 하고 있다고 가정했던 것도 아리스토텔레스의 이런 설명을 사실로 믿고 있었기 때문이다.

아리스토텔레스는 자연 운동이 아닌 운동, 즉 강제 운동을 하려면 힘이 필요하다고 말했다. 또한, 힘이 작용하려면 물체와 접촉해야 하며, 물체의 속력은 힘의 크기에 비례하고 마찰력에 반비례한다고 주장했다. 큰 힘을 가하면 속력이 빨라지지만 작은 힘을 가하면 속력이 느려지다가 힘을 가하지 않으면 속력이 0이 되어 정지하게 된다는 것이다. 다시 말해, 물체가 계속해서 운동하기 위해서는 힘이 계속 작용해야 한다는 것이다. 실제로 물체를 밀어보면 힘을 가하고 있는 동안에는 물체가 움직이지만 힘을 주지 않으면 물체가 서서히 정지한다. 또한, 물체에 힘을 가할 때 우리는 물체와 접촉한다. 이처럼 운동에 대한 아리스토텔레스의 설명은 우리 경험과

● 아리스토텔레스(라파엘로 Raffaello Sanzio 의 프레스코화 〈아테나 학당〉의 일부, 16세기 초).

일치하는 것으로 보였기 때문에 오랫동안 널리 받아들여졌다.

이것이 바로 아리스토텔레스가 완성한 고대 역학의 핵심 내용이다. 역학力學은 힘과 운동의 관계를 다루는 물리학의 한 분야를 말한다. 아직 정밀한 실험이 행해지지 않았던 고대에는 아리스토텔레

스의 역학을 이용하여 많은 현상들을 그런대로 설명할 수 있었다.

1장에서 고대 그리스 시대에 아리스타코스가 태양 중심설을 주장했다는 이야기를 했던 것을 기억하고 있을 것이다. 그러나 태양 중심설은 아리스토텔레스의 역학에서는 말이 안 되는 이야기였다. 모든 물체는 우주의 중심을 향해 떨어지려는 성질을 갖고 있는데 만약 지구가 아니라 태양이 우주의 중심이라면 물체가 태양을 향해 떨어져야 하기 때문이다. 아리스타코스의 태양 중심설이 사람들에게 널리 받아들여지지 못했던 것은 이처럼 당시 많은 사람들이 믿었던 아리스토텔레스의 역학에 맞지 않았기 때문이다. 그러나 아리스토텔레스의 역학에 문제가 생기기 시작했다.

빠르게 달리고 있는 지구

1543년에 코페르니쿠스가 태양 중심설을 제안하면서 지구가 태양 주위를 빠르게 돌고 있다고 이야기했을 때, 사람들은 그 말을 심각하게 받아들이지 않았다. 실제로 그렇다는 것이 아니라 단지 천체들의 운동을 설명하기 위한 하나의 수학적 모델일 뿐이라고 생각했기 때문이다. 그러나 코페르니쿠스가 죽고 약 60년이 지난 1610년대부터 케플러와 갈릴레이는 여러 가지 관측 증거들을 바탕으로 지구가 실제로 태양 주위를 빠른 속력으로 돌고 있다고 주장하기 시작했다. 교회의 탄압에도 불구하고 이들의 주장을 믿는 사람들이 점점 더 많아졌다. 태양 중심설을 받아들이자 아리스토텔레스의 역학에도 문제가 생겼다.

힘과 운동에 대한 아리스토텔레스의 학설은 지구가 우주의 중심에 정지해 있는 동안에는 여러 가지 현상을 설명할 수 있었다. 그러나 태양 주위를 빠르게 달리는 지구에서 일어나는 일들을 설명하는 데는 역부족이었다. 지구는 천체이므로 태양 주위를 도는 데 힘이 필요 없다 치더라도, 지구를 따라 빠르게 달리고 있는 물체들의 운동은 설명할 방법이 없었다. 아리스토텔레스의 역학에 따르면, 지상에 있는 물체가 빠르게 달리려면 계속해서 힘을 가해야 한다. 따라서 지구상에 있는 물체들이 지구를 따라 달리도록 하기 위해서는 계속 힘이 필요한데 그 힘은 어디서 오는 것일까?

아리스토텔레스의 설명이 옳다면 빠르게 달리고 있는 지구 위에서 펄쩍 뛰면 어떻게 될까? 지구는 달리고 있고, 펄쩍 뛰는 동안에는 우리에게 아무런 힘도 작용하지 않으므로 우리는 제자리가 아니라 지구가 달린 만큼 뒤쪽에 떨어져야 한다. 하늘을 나는 새들은 또 어떤가? 새들의 날갯짓만으로는 빠르게 달리는 지구를 따라올 수 없을 것이다. 그런데 새들은 어떻게 지구를 따라올까? 여러 가지 증거로 볼 때, 지구가 태양 주위를 빠르게 돌고 있는 것은 확실했다. 하지만 빠르게 달리는 지구에서 사람들은 아무 일도 없는 것처럼 살아가고 있었다. 새들은 평화롭게 하늘을 날아다니고, 우리는 아무리 높이 뛰어도 항상 제자리에 떨어졌다. 이것은 아리스토텔레스의 역학이 틀렸다는 것을 뜻했다. 그렇다면 이런 일들을 어떻게 설명해야 할까?

문제는 그것만이 아니었다. 물체가 땅으로 떨어지는 것은 모든 물체가 우주의 중심으로 다가가려는 성질을 갖고 있기 때문이라고 했던 설명도 더 이상 받아들일 수 없게 되었다. 태양 주위를 빠르게 돌고 있는 지구는 우주의 중심이 아닐 뿐만 아니라 정지해 있지도 않았다. 따라서 물체가 땅으로 떨어지는 것을 설명하기 위해서는 새로운 이론이 필요했다. 아리스토텔레스의 역학과는 다른 새로운 역학이 필요하게 된 것이다. 새로운 역학의 필요성을 가장 잘 알고 있던 사람은 지구가 태양 주위를 실제로 빠른 속력으로 돌고 있다고 주장했던 갈릴레이였다.

갈릴레이의 관성 운동과 상대성 원리

갈릴레이가 피사의 사탑에서 무거운 물체와 가벼운 물체를 떨어뜨려 두 물체가 동시에 땅에 떨어진다는 것을 보여 주는 실험을 했다는 것은 널리 알려진 이야기이다. 갈릴레이가 실제로 그런 실험을 했는지는 확실하지 않지만, 공기의 마찰이 없다면 모든 물체가 동시에 떨어진다는 것을 그가 알고 있었던 것은 확실하다. 무거운 물체는 우주의 중심으로 다가가려는 성질이 더 커서 더 빨리 떨어질 것이라고 했던 아리스토텔레스의 주장이 틀렸다는 것을 갈릴레이는 잘 알고 있었다.

그러나 갈릴레이도 힘과 운동 사이의 관계를 밝혀내는 데는 어려움을 겪고 있었다. 그는 지구상의 물체들이 빠르게 달리는 지구를 따라오는 것을 설명하기 위해서, 물체의 운동 중에는 힘이 필요 없는 운동도 있다고 주장했다. 지표면과 나란한 방향으로 움직이는 운동은 힘이 필요 없는 운동이라는 것이다. 이처럼 힘이 작용하지 않아도 계속되는 운동을 갈릴레이는 '관성 운동'이라고 했다. 관성 운동으로 인해 지구상의 모든 물체는 아무런 힘이 작용하지 않아도 지구를 따라올 수 있고, 새들도 하늘을 자유롭게 날아다닐 수 있다는 것이다. 갈릴레이의 이런 주장은 뉴턴 역학으로 가는 중요한 발판이 되기는 했지만 아직 완전한 것은 아니었다.

갈릴레이는 『두 우주 체계에 대한 대화』라는 책에서 다음과 같은 재미있는 예를 들어 관성 운동을 설명하기도 했다. 흔들림 없이 일정한 속도로 달리고 있는 배의 갑판 아래 있는, 창문 없는 방에서는 어떤 일이 일어날까? 이 방 안에는 물고기가 헤엄치는 어항도 있고, 여러 가지 놀이기구도 있다. 이때 방 안에 있는 사람은 어항이나 놀이기구를 살펴보는 것만으로 배가 달리고 있는지 아니면 정지해 있는지 알 수 있을까? 갈릴레이는 일정한 속도로 달리고 있는 방 안에서 하는 실험만으로는 배가 달리고 있는지 정지해 있는지 알 수

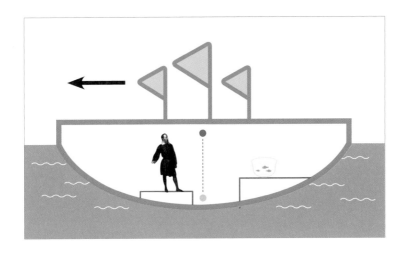

● 관성 운동의 예. 일정한 속도로 달리는 배 안에서는 서 있을 때와 똑같은 일이 일어난다.

있는 방법이 없다고 결론짓는다. 다시 말하면, 일정한 속도로 달리고 있을 때는 정지해 있을 때와 똑같은 일이 일어난다는 것이다. 이 것을 '상대성 원리'라고 한다. 갈릴레이는 새로운 역학을 만들지는 못했지만 새로운 역학으로 설명할 수 있는 중요한 원리를 알아낸 것이다.

일정한 속도(등속도)로 운동하는 모든 계에서는 같은 물리 법칙이 성립한다는 '상대성 원리'는 뉴턴 역학은 물론 아인슈타인의 상대 성 이론에서도 받아들여지는 역학의 기본 원리가 되었다. 갈릴레이는 새로운 역학의 문 앞까지 왔지만 아직 관성 운동이 무엇인지 상대성 원리가 왜 성립해야 하는지를 제대로 설명하지 못했다. 아리스토텔레스의 역학을 무너뜨리고 새로운 역학을 만드는 일은 갈릴레이가 죽던 해인 1642년 크리스마스 날에 영국에서 태어난 아이작 뉴턴이 해냈다.

뉴턴 기적의 해

인류 역사상 가장 위대한 과학자라고 할 수 있는 뉴턴은 영국 링컨셔 지방의 그랜담에서 남쪽으로 12km 정도 떨어져 있는 울즈소프라는 마을에서 태어났다. 뉴턴은 열두 살부터 열일곱 살까지 그랜담에 있는 킹스 스쿨에서 라틴어와 그리스어를 배웠다. 그랜담의 학교에서 공부하는 동안에는 하숙집 다락에 다양한 연장들을 갖춰 놓고 여러 가지 장난감과 모형을 만들어 사람들을 놀라게 하기도 했다. 당시 그가 만들었던 것 중에는 풍차 모형, 사륜마차, 초롱불 등이 있었다.

그랜담의 학교를 졸업한 뉴턴은 1661년 6월에 케임브리지 대학의 트리니티 칼리지에 입학했다. 트리니티 칼리지에서 뉴턴은 학교에서 가르치는 과목 외에도 다양한 과목을 스스로 공부했다. 이때 그는 프랑스 철학자였던 데카르트가 쓴 책들과 『두 우주 체계에 대한 대화』를 비롯한 갈릴레이의 책들, 그리고 케플러와 코페르니쿠스의 책들도 읽었다. 뉴턴은 과학과 마찬가지로 수학도 거의 독학으로 공부했다. 그런데 뉴턴이 학사 학위를 받은 1665년 여름, 영국에 흑사병이 돌기 시작했다. 그러자 정부는 각종 박람회를 취소하고 대중 집회를 금지했으며 학교의 수업을 중단했다. 대학도 문을 닫았다. 대학이 다시 문을 연 것은 1667년 4월이었다.

흑사병을 피해 고향인 울즈소프의 농장에 가 있던 뉴턴은 이 기간에 놀라운 일들을 해냈다. 이 시기의 뉴턴을 그린 그림에는 사과나무 아래 앉아 있는 뉴턴과 나무에서 떨어지는 사과를 함께 그린 그림이 많다. 사과가 떨어지는 모습을 보고 중력 법칙을 발견했다는 이야기가 전해지기 때문일 것이다. 뉴턴은 사과나무가 많았던 울즈소프의 농장에 머무는 동안 사과가 땅으로 떨어지는 것과 달이 지구 주위를 도는 것이 모두 지구의 중력 때문이라는 것을 알아냈다. 뉴턴은 중력을 이용해 지구상에서 사과가 떨어지는 현상과 달과 같은 천체의 운동을 같은 원리로 설명할 수 있었다. 그리고 중력은 멀리 떨어져 있을 때도 작용하므로, 힘은 접촉을 통해서만 작용할 수 있다는 아리스토텔레스의 말도 사실이 아니라는 것을 밝혀냈다.

울즈소프에 있는 동안 뉴턴은 또 다른 놀라운 사실을 알아냈다. 그것은 힘이 운동 상태를 유지하는 데 필요한 것이 아니라 운동 상태를 변화시키는 데 필요하다는 것이었다. 이것이 뉴턴이 발견한 운동 법칙이다. 뉴턴의 운동 법칙은 수학 공식을 이용하여 여러 가

● 사과나무 아래서 사과가 떨어지는 것을 보고 중력 법칙을 발견했다는 뉴턴의 이야기를 패러디한 삽화.

지로 표현되기도 하고, 1법칙·2법칙·3법칙으로 나누어 설명되기도 하지만 한마디로 이야기하면 힘이 작용하면 운동 상태가 변한다는 것이다. 운동 상태가 변한다는 것은 속력이나 운동 방향이 변한다는 것을 뜻한다.

아리스토텔레스는 힘이 운동 상태를 유지하는 데 필요하다고 했다. 아리스토텔레스의 말대로라면, 힘이 가해지지 않으면 운동하던 물체가 정지하게 된다. 그러나 뉴턴은 힘은 운동 상태를 변화시키는 데 필요하다고 했다. 따라서 힘이 가해지지 않으면 운동 상태가 변하지 않으므로 정지해 있던 물체는 계속 정지해 있고, 달리고 있던 물체는 같은 방향 같은 빠르기로 계속 달린다. 이것이 '관성의 법칙'이다. 운동 제1법칙이라고도 한다. 만약 물체에 힘을 가하면 움직이던 것이 멈추거나 서 있던 것이 움직이거나 운동 방향이 바뀌거나 속력이 변하는 등 운동 상태가 변한다. 운동 상태가 변하는 것이 가속도이다. 뉴턴은 운동 상태의 변화 정도, 즉 가속도가 힘에 비례한다고 설명했다. 이것이 '가속도 법칙'으로 불리는 운동 제2법칙이다.

그런데 중력을 비롯한 힘들은 한 물체에서 다른 물체로 일방적으로 작용하지 않는다. 지구만 중력으로 사과를 잡아당기는 것이 아니라 사과도 지구를 잡아당긴다. 지구와 사과가 잡아당기는 힘의 방향은 반대이고 크기는 같다. 이런 것을 힘의 상호 작용이라고 한다. 이때 한 힘을 작용이라고 하면 다른 힘은 반작용이다. 힘에는 항상 작용과 반작용이 있고, 작용과 반작용은 서로 방향은 반대이고 크기는 같다. 이것이 운동 제3법칙인 '작용 반작용 법칙'이다.

울즈소프에 있는 동안에 뉴턴은 중력 법칙과 운동 법칙을 알아냈고, 이 법칙들을 이용하여 물체의 운동을 분석하는 데 필요한 새로운 수학적 방법도 알아냈다. 뉴턴이 발견한 새로운 수학적 방법은 미분법과 적분법이라고 부르는 것으로 우리나라에서는 고등학교 과정에서 배우게 된다. 후에 독일의 라이프니츠Gottfried Wilhelm Leibniz, 1646-1716도 독자적으로 미분법과 적분법을 알아내 현재는 뉴턴과 라이프니츠가 모두 미분법과 적분법의 발명자로 인정받고 있다.

대학에 입학하기 전에는 수학이나 과학을 배우지 않았던 뉴턴이 대학을 졸업한 직후 중력 법칙과 운동 법칙, 그리고 미분법과 적분법을 알아낸 것은 놀라운 일이 아닐 수 없다. 그래서 과학의 역사를 연구하는 학자들은 뉴턴이 중력 법칙과 운동 법칙, 그리고 미분법과 적분법을 발견한 1666년을 뉴턴의 기적의 해라고 부른다.

역학에서 광학으로 그리고 연금술과 신학으로

울즈소프에 있는 동안 중력 법칙과 운동 법칙의 중요한 내용을 모두 알아낸 뉴턴은 1667년 4월에 다시 케임브리지로 돌아왔다. 케임브리지로 돌아온 뉴턴은 그해 10월에 연구원으로 선발되었고,

그로부터 9개월 뒤인 1668년 7월에 석사 학위를 받았으며, 1669년 10월에는 루카스 석좌 교수가 되었다. 루카스 석좌 교수는 정치가였던 헨리 루카스가 기증한 기금에서 월급을 받는 교수로 뉴턴은 역사상 두 번째 루카스 석좌 교수였다. 루카스 석좌 교수를 지낸 사람 중에는 유명한 과학자가 많은데, 얼마 전에 세상을 떠난 스티븐 호킹Stephen William Hawking, 1942~2018도 그중 하나였다.

뉴턴은 14년 동안 루카스 석좌 교수로 있으면서 누구의 간섭도 받지 않고 자유롭게 다양한 분야의 연구를 계속할 수 있었다. 한동안은 빛을 연구하는 광학 실험에 몰두했고, 연금술과 신학에도 관심을 보였다. 연금술은 값싼 금속을 비싼 금속으로 바꾸는 방법을 말하지만 뉴턴 시대에는 지금의 화학과 비슷하게 물질을 연구하는 분야였다. 뉴턴은, 화학자이자 연금술에도 관심이 많았던 로버트 보일과 가깝게 지내면서 연금술과 관련된 실험을 했으며 신학도 계속 연구했다. 그러다 보니 중력 법칙과 운동 법칙에 대해서는 한동안 잊고 지냈다.

중력 법칙, 운동 법칙, 그리고 미분법과 적분법과 같은 놀라운 것들을 발견해 놓고 발표도 하지 않은 채 오랫동안 잊고 있었다니…. 일분일초를 다투며 살아가고 있는 현대인들로서는 좀처럼 이해할 수 없는 일이지만 모든 것이 천천히 진행되던 당시에는 그런 일이 드물지 않았다. 그러나 이런 뉴턴의 느긋한 태도가 문제가 되기 시작했다. 독일의 라이프니츠가 자신이 미분법과 적분법을 발견했다고 발표한 것이다. 뉴턴은 즉시 자신이 먼저 미분법과 적분법을 알아냈다고 반박했지만 다툼은 쉽게 끝나지 않았다. 이 문제는 두 사람이 모두 죽고 오랜 시간이 지난 뒤, 두 사람 모두를 미분법과 적분법의 발명자로 인정하는 것으로 결론지어졌다.

핼리가 뉴턴을 방문한 것은 바로 미·적분법 발명의 우선권 문제로 뉴턴이 라이프니츠와 다투고 있을 때였다. 뉴턴은 거리 제곱에 반비례하는 중력 법칙과 운동 법칙을 이용하여 핼리가 고민하고 있던 문제를 오래전에 해결해 놓고 있었다. 이런 사실을 알게 된 핼리는 서두르지 않으면 중력 법칙과 운동 법칙을 발견한 업적도 다른 사람에게 빼앗길지 모른다며 빨리 책을 써서 발표하라고 뉴턴을 설득했고, 뉴턴은 본격적으로 책을 쓰기 시작했다. 중력 법칙과 운동 법칙, 그리고 이 법칙들을 이용하여 풀 수 있는 많은 역학 문제까

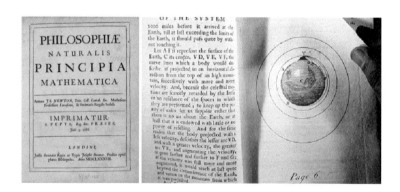

● 『자연 철학의 수학적 원리』 제목 페이지와 본문 일부.

지 다루고 있는『자연 철학의 수학적 원리』가 출판된 것은 1687년
이었다. 세 권으로 되어 있는 이 책은 비용의 일부를 부담한 핼리의
헌신적인 노력에 힘입어 출판될 수 있었다. 세상을 뒤바꿀 뉴턴 역
학이 비로소 세상에 그 모습을 드러낸 것이다. 뉴턴이 쓴『자연 철
학의 수학적 원리』는 우리나라에도 번역·출판되어 있다.

세상을 바꾼 뉴턴 역학

　뉴턴 역학은 과학 분야는 물론, 인류의 생활 방법까지 크게 바꿔
놓았다.

　첫째, 뉴턴 역학은 천체의 운동을 수학적으로 정밀하게 분석할
수 있게 하여 천문학을 크게 발전시켰다. 뉴턴은『자연 철학의 수학
적 원리』에서 천체 운동의 문제를 자세히 다뤘다. 행성의 운동을 설
명하는 케플러의 행성 운동 법칙을 역학적으로 완전하게 증명할 수
있게 된 것이다. 또한 이로 인해 지상에서 일어나는 일과 하늘에서
일어나는 일을 하나의 원리로 설명할 수 있게 되었다.

　둘째, 뉴턴 역학은 우리 주변에서 일어나는 일들을 수학적으로
설명했다. 용수철의 진동 운동이나 진자가 주기적으로 흔들리는 것
과 같은 운동을 수학적으로 정확하게 풀어냈으며, 공중으로 던진
공이 날아가는 운동도 계산해 냈다. 사람들은 이런 문제들을 수학

을 써서 정확하게 풀 수 있다는 사실에 놀라워했다. 뉴턴 역학이 복잡한 자연 현상을 모두 풀어낸 것은 아니었지만 과학자들은 수학 문제를 푸는 방법이 발전하면 자연에서 일어나는 모든 현상을 뉴턴 역학으로 설명할 수 있을 것이라고 생각하게 되었다.

셋째, 뉴턴 역학의 성공은 물리학뿐만 아니라 화학이나 생물학과 같은 다른 분야의 과학에도 큰 영향을 주었다. 화학에서는 물리학에서 사용한 정밀한 실험 방법이 도입되면서 원자론이 등장하는 토대가 마련되었다. 생물학에서도 온도, 압력, 밀도와 같은 양들을 측정하여 과학적인 방법으로 생명 현상을 이해하려고 노력한 결과 세포 생물학이 등장할 수 있었다.

넷째, 뉴턴 역학은 근대 과학과 근대 기술 발전의 밑바탕이 되었다. 뉴턴 역학이 등장한 1700년대부터 1900년 무렵까지의 과학을 근대 과학이라고 한다. 근대 과학은 뉴턴 역학을 기반으로 하는 과학이라고 할 수 있다. 뉴턴 역학을 바탕으로 한 근대 과학의 발전은 기술 분야의 발전으로 이어졌다. 발전된 기술을 바탕으로 하여 전개된 산업 혁명은 인류의 생활을 크게 변화시켰다.

다섯째, 뉴턴 역학이 등장하면서 수학이 과학의 언어가 되었다. 수학을 사용하지 않던 뉴턴 이전 시대에는 과학자와 철학자의 구별이 없었다. 그러나 과학에서 수학을 많이 사용하게 되자 과학자들과 일반인들의 거리가 멀어지기 시작했다. 그것은 과학이 좀 더 전문적인 학문이 되었다는 것을 의미한다.

이렇게 하여, 뉴턴과 아리스토텔레스의 대결은 뉴턴의 승리로 끝났다. 2000년이라는 세월을 사이에 두고 두 사람이 대결한 내용은 생각보다 간단한 내용이다. 그들은 힘이 물체의 운동 상태를 유지하는 데 필요한 것이냐 아니면 운동 상태를 변화시키는 데 필요한 것이냐를 놓고 대결했고, 사과가 땅으로 떨어지는 것은 사과가 그런 성질을 가지고 있기 때문이냐 아니면 사과와 지구 사이에 중력이 작용하기 때문이냐를 놓고 대결했다. 하지만 간단해 보이는 이 둘의 차이가 인류 역사에 끼친 영향은 결코 간단하지 않았다. 아리스토텔레스 역학과 뉴턴 역학의 핵심 내용을 비교해 보면 다음 표와 같다.

아리스토텔레스 역학과 뉴턴 역학의 비교

아리스토텔레스 역학	뉴턴 역학
❶ 힘은 운동 상태를 유지하기 위해 필요하다.	❶ 힘은 운동 상태를 변화시키기 위해 필요하다.
❷ 물체가 땅으로 떨어지는 것은 물체를 이루고 있는 물질들이 그런 성질을 가지고 있기 때문이다.	❷ 물체가 땅으로 떨어지는 것은 지구의 중력이 작용하기 때문이다.
❸ 힘은 접촉해야 작용한다.	❸ 힘은 멀리 떨어져서도 작용한다.
❹ 하늘과 땅은 서로 다른 법칙을 따른다.	❹ 하늘과 땅이 같은 법칙을 따른다.

현대 과학으로 본 뉴턴 역학

한때 사람들은 뉴턴 역학이 인류가 발견한 가장 완전한 과학이라고 생각했다. 심지어 이제 뉴턴 이외의 과학자는 필요 없다고 말하는 사람도 있었다. 그러나 1900년대가 되면서 사정이 달라지기 시작했다. 1905년 아인슈타인은 뉴턴 역학도 완전하지 않다는 것을 밝혀냈다. 빛의 속력과 비교할 수 있을 정도로 빠르게 달리는 물체에는 뉴턴 역학이 적용되지 않는다는 것을 알아낸 것이다. 아인슈타인은 아주 빠르게 달리는 물체에도 적용할 수 있도록 뉴턴 역학을 수정한 새로운 역학을 제안했는데 그것이 상대성 이론이다.

문제는 그것만이 아니었다. 20세기 들어 원자의 구조를 연구하던 과학자들은 원자보다 작은 세계에서는 뉴턴 역학이 전혀 쓸모가 없다는 것을 알게 되었다. 원자를 구성하는 양성자, 중성자, 전자와 같이 작은 알갱이들은 뉴턴 역학과는 전혀 다른 역학 법칙의 지배를 받는다. 뉴턴 역학은 어느 정도의 오차는 문제가 되지 않는, 우리가 생활하는 세상과 같은 큰 세상에서만 성립되는 역학이었던 것이다. 따라서 과학자들은 원자보다 작은 세계를 설명하기 위해 양자 역학이라는 새로운 역학을 만들어 냈다. 예컨대, 우리가 컴퓨터에 사용할 컴퓨터 칩을 만들거나 초전도체를 만든다면 뉴턴 역학이 아니라 양자 역학을 적용해야 한다.

하지만, 뉴턴 역학이 완전히 폐기된 것은 아니다. 여전히 뉴턴 역학은 달이나 화성을 향해 달리고 있는 우주 탐사선의 궤도와 속력을 계산하는 데 이용되고 있고, 집을 짓고 다리를 놓는 데 사용되고 있다.

우주에도 끝이 있을까?

　뉴턴은 모든 물체 사이에는 질량의 곱에 비례하고 거리의 제곱에 반비례하는 중력이 작용한다는 것을 밝혀냈다. 같은 전기끼리는 밀어내고 다른 전기끼리는 잡아당기는 전기력과 달리, 중력은 늘 서로 잡아당기는 인력으로만 작용한다. 또한 중력은 전기력에 비하면 아주 약한 힘이다. 우리 주변에 있는 물체들 사이에도 중력이 작용하고 있지만 우리가 그것을 느끼지 못하는 것도 물체들 사이에 작용하는 중력이 아주 약하기 때문이다. 그러나 질량이 커지면 중력의 세기도 강해진다. 따라서 큰 질량을 가진 천체들이 운행하고 있는 우주로 나가면 중력이 가장 중요한 힘이 된다.

　그런데, 천체들 사이에 서로 잡아당기는 중력이 작용하고 있다면 왜 모든 천체들이 하나로 뭉치지 않는 것일까? 중력 법칙을 발견한 뉴턴에게 이것은 아주 큰 골칫거리였다. 뉴턴이 찾아낸 해답은 우주가 무한하다는 것이었다.

　우주가 무한하여 가장자리가 없다면 천체들 사이에 중력이 작용해도 하나로 뭉쳐지지 않을 수 있다. 예를 들어, 천체들을 교실에 앉아 있는 100명의 학생들이라고 생각해 보자. 학생들 사이에는 중력이 작용한다. 하지만 교실 한가운데에 있는 학생에게는 모든 방향에서 중력이 작용하고 있기 때문에 중력이

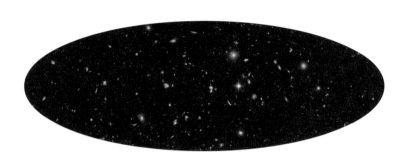

작용하지 않는 것과 마찬가지이다. 따라서 움직이지 않고 가만히 있을 수 있다. 그러나 교실 가장자리에 있는 학생은 교실의 안쪽으로는 중력이 있지만 바깥쪽으로는 중력이 없기 때문에 가만히 있지 못하고 안쪽으로 끌려들어 간다. 이렇게 되면 결국 학생들이 모두 교실 한가운데로 뭉치게 된다. 이런 일이 벌어지지 않으려면 모든 학생이 교실 한가운데에 있어야 한다. 다시 말하면, 가장자리가 없어야 하고, 가장자리가 없으려면 교실이 무한하게 커서 끝이 없어야 한다. 그러면 모든 학생들에게 모든 방향으로 같은 크기의 중력이 작용하여 하나로 뭉쳐지지 않을 수 있다. 이것이 뉴턴의 생각이었다.

하지만 오늘날 과학자들은 뉴턴의 이런 설명이 옳지 않다는 것을 알고 있다. 그렇다면, 중력이 작용하는데도 모든 천체가 하나로 뭉치지 않는 것을 현대과학에서는 어떻게 설명할까? 과연 우주에는 끝이 있을까? 이 문제에 대해서는 9장에서 다시 이야기할 것이다.

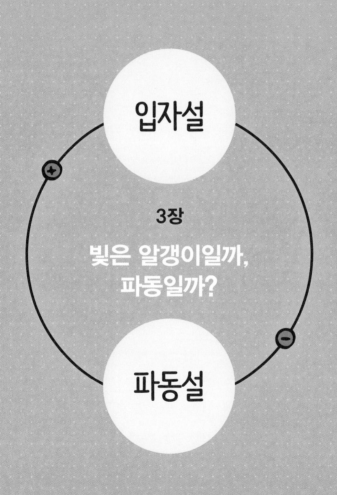

입자설

파동설

3장

빛은 알갱이일까,
파동일까?

프레넬의 도전

1817년 3월 17일, 프랑스 과학 아카데미는 2년마다 수여하는 물리 그 랑프리상의 다음 주제가 빛의 회절 현상이라고 발표했다. 이 상에 응모 하고 싶은 사람은 1818년 8월 1일까지 과학 아카데미에 논문을 제출해 야 했다. 1819년에 이 상을 받은 주인공은 토목 기사로 오랫동안 군대에 서 근무하다가 제대한 뒤 빛에 관해 연구하고 있던 오귀스탱 장 프레넬 Augustin-Jean Fresnell, 1788~1827이었다.

프레넬은 빛이 파동이라는 가설을 바탕으로 빛의 성질을 수학적으로 분 석하여 실험 결과와 함께 과학 아카데미에 제출했다. 그는 당시 가 장 권위 있는 과학자였던 다섯 명의 심사위원들 앞에서 자신의 이론을 발 표했다. 심사위원 다섯 명 중 세 명은 빛이 파동이 아니라 작은 알갱이라 는 입자설을 믿고 있었고, 한 명은 중립적이었으며, 오직 한 사람만이 파동 설에 호의적이었다. 따라서 대부분의 심사위원들은 입자설이 옳다는 것을 확실하게 증명해 줄 사람이 나타나기를 기다리고 있었다.

그러나 프레넬은 파동설을 바탕으로 한 그의 논문 내용을 담담하게 설 명해 나갔다. "빛의 회절과 간섭은 빛을 파동으로 생각하면 수학적으로 완벽하게 설명할 수 있습니다.
그리고 그것은 실험 결과와도 잘 일치
합니다." 프레넬의 수학적 분석은 정확했
고, 제시한 실험 결과는 그의 분석이 옳다는
것을 뒷받침하고 있었다. 저명한 수학자였
던 시메옹 푸아송을 비롯한 심사위원들은 프레
넬의 발표에 깊은 감명을 받았다. 푸아송은 프
레넬의 이론을 이용해서 동전같이 불투명하고
둥근 물체에 빛을 비추면 그림자 한가운데에
밝은 점이 나타나야 한다는 것을 계산해
냈다. 그의 계산 결과는 곧 실험으로 확인되

● 오귀스탱 장 프레넬(앙브루아즈 타르디외
Ambroise Tardieu 판화).

었다. 이는 프레넬의 이론이 정확하다는 증거가 되기에 충분했다.

프레넬 말고도 이 상에 도전한 사람이 한 명 더 있었지만 그의 수학
적 분석은 정확하지 못했고, 실험 결과 역시 충분하지 못했기 때문에
심사위원들의 주목을 받지 못했다. 따라서 그가 누구였는지, 그가 어떤 주
장을 했는지에 대해서는 기록이 남아 있지 않다. 상황이 이러했기에, 심
사위원들은 누구에게 상을 줄지가 아니라 프레넬에게 상을 줄 것인지 아
니면 아무에게도 상을 주지 않을 것인지를 놓고 토론을 벌였다.

심사위원들은 자신들의 생각과는 달랐지만 파동설로 빛의 회절과 간
섭 현상을 훌륭하게 설명한 프레넬을 수상자로 결정했다. 프랑스 과학
아카데미는 심사위원들의 심사 결과를 받아들여 프레넬에게

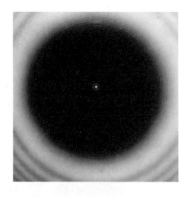

● 프레넬의 이론을 뒷받침한 실험. 동전의 그림자 한가운데에 밝은 점이 보인다.

상금을 수여했다. 이 일은 곧 많은 사람들에게 알려졌고, 사람들은 빛이 작은 입자의 흐름이라는 입자설 대신 빛이 파동의 일종이라는 파동설을 받아들이게 되었다. 이로써 200년 이상 계속되었던 입자설과 파동설의 대립은 파동설의 승리로 끝나는 것처럼 보였다.

대체 입자설과 파동설이 무엇이기에 그렇게 오랫동안 경쟁했을까? 또, 프레넬은 파동설이 옳다는 것을 어떻게 증명했을까? 프레넬의 증명으로 과연 파동설이 완전하게 이긴 것일까?

빛에 관한 연구가 본격적으로 시작된 것은 17세기부터였다. 빛에 대한 연구는 두 가지 방향에서 진행되었다.

하나는 빛의 속력을 측정하는 것이었다. 빛은 아주 빠르기 때문에 빛의 속력을 측정하는 것은 정밀한 특수 장비를 필요로 하는 어려운 작업이었다. 그러나 과학자들은 결국 빛의 속력을 측정하는 데 성공했다. 과학자들이 측정한 빛의 속력에는 놀라운 자연의 비밀이 숨어 있었다. 이에 대해서는 7장에서 다시 이야기할 예정이다.

빛에 대한 또 다른 연구는 빛이 과연 무엇인지를 밝혀내는 것이었다. 우리가 어떤 물체를 보기 위해서는 그 물체에서 나온 빛이 우리 눈에 들어와야 한다. 그 빛은 물체가 내는 빛일 수도 있고, 다른 물체가 내는 빛을 받아 반사한 빛일 수도 있다. 그렇다면 물체를 출발해 우리 눈까지 도달하는 빛은 과연 무엇일까?

빛이 무엇인지 알아보기 위해서는 우선 빛이 가지고 있는 성질을 조사해야 한다. 빛의 가장 대표적인 성질은 항상 똑바로 진행하여 물체 뒤에 그림자를 만든다는 것과 물질의 표면에서 반사나 굴절을 한다는 것이다. 이러한 빛의 성질을 잘 알고 있었던 과학자들은 이것들을 설명하기 위한 여러 가지 이론을 제안했다. 따라서 빛의 정체를 연구하기 시작한 17세기는 빛에 대한 다양한 이론이 난립하던 시기라고 할 수 있다.

17세기에 나온 이론 중 하나인 입자설은 근대 철학을 크게 발전시킨 프랑스의 철학자 르네 데카르트René Descartes, 1596~1650가 제안한 이론이었다. 데카르트는 빛이 아주 작은 입자의 흐름이라고 보고, 이를 이용하여 반사와 굴절을 설명했다. 그는 빛이 반사하는 것은 빛의 입자가 매질의 경계면에서 튕겨 나오는 것이고, 굴절은 빛 입자가 경계면을 통과하면서 속도가 달라지기 때문에 나타나는 현상이라고 주장했다. 공은 푹신푹신한 융단 위를 천천히 구르다가 딱딱한 마룻바닥을 만나면 방향이 꺾이면서 속도가 빨라지는데, 빛의 굴절이 이와 비슷한 현상이라고 설명한 것이다.

그러나 이탈리아의 수학 교수였던 프란체스코 그리말디Francesco Maria Grimaldi, 1618~1663는 빛이 직선으로만 나아가지 않는다는 것과 그림자 가장자리에 색깔이 보인다는 것을 발견하고, 빛은 파동 치는 액체이며 진동이 달라지면 색깔도 달라진다고 주장했다. 그런가 하면, 네덜란드의 과학자 크리스티안 하위헌스Christiaan Huygens, 1629~1695는 빛이 정지해 있는 매질 속을 진행하는 파동이라는 파동설을 주장했다. 그러나 이런 이론들 중 어느 것도 빛의 성질을 충분히 설명하지 못했기 때문에 여러 가지 이론이 대립되는 상태가 한동안 계속되었다.

뉴턴의 입자설

빛에 대한 다양한 이론들을 정리한 사람은 영국의 아이작 뉴턴이었다. 뉴턴 역학을 발견하여 과학 발전에 크게 이바지한 뉴턴은 빛에 대한 연구에서도 큰 업적을 남겼다.

그는 프리즘을 이용해 빛을 여러 가지 색으로 나누는 실험을 통해서 아무런 색도 없이 환하게 보이는 빛이 실제로는 여러 가지 색의 빛이 합해진 빛이라는 것을 증명했다. 뉴턴은 또한 반사 망원경을 만들기도 했다. 망원경은 멀리서 오는 희미한 빛을 모아 밝은 상을 만들고, 이 상을 확대경을 통해 확대해 보는 장치이다. 멀리서 오는 빛을 모으는 방법에는 볼록 렌즈를 이용해 빛을 굴절시키는 방법과 오목 거울을 이용해 빛을 반사시키는 방법이 있다. 그런데 볼록 렌즈를 이용하면 빛의 파장에 따라 굴절하는 정도가 달라서 상의 가장자리에 색깔이 나타나는 색수차가 생긴다. 그래서 망원경이 커질수록 상의 경계가 불분명해지는 문제가 있었다. 뉴턴은 오목 거울로 빛을 반사시켜 빛을 모으는 반사 망원경을 만들어서 색수차 문제를 해결했다. 그리고 빛에 대한 연구 결과를 모아 1704년에 『광학』이라는 책을 출판했다.

파동설과 입자설 사이에서 많은 고민을 했던 뉴턴은 파동설로는 빛의 가장 중요한 성질인 직진을 명쾌하게 설명할 수 없다고 생각했다. 방파제로 둘러싸인 항구 안까지 파도가 들어오는 것만 보

● 뉴턴이 직접 제작한 반사 망원경과 1704년에 출간한 『광학ᵒᵖᵗⁱᶜˢ』 제목 페이지. 책에는 '빛의 반사, 굴절, 꺾임과 색에 관한 논문'이라는 부제가 붙어 있다.

아도 파동은 항상 직진만 하는 것이 아니라 굽어져 진행하기도 한다는 것을 알 수 있다. 따라서 뉴턴은 빛이 작은 입자의 흐름이라는 입자설을 받아들였다.

입자설이 빛의 성질을 모두 명확하게 설명한 것은 아니었다. 하지만 뉴턴이 입자설을 지지했다는 사실만으로도 입자설은 사람들에게 큰 설득력을 가질 수 있었다. 1687년에 뉴턴 역학의 내용을 포함하고 있는 『자연 철학의 수학적 원리』를 발표한 뒤로 뉴턴은 영국은 물론 전 유럽에서 가장 권위 있는 과학자였기 때문이다. 뉴턴과 같은 시기에 활동했던 네덜란드의 하위헌스가 파동설을 주장했지만 대부분의 과학자들은 뉴턴의 입자설을 받아들였다. 따라서 빛의 정체에 대한 첫 번째 논쟁에서는 입자설이 판정승을 거두었다. 18세기 말에 프랑스의 화학자 앙투안 라부아지에가 쓴 『화학 원론』에 실린 원소표의 첫머리에 빛 입자가 원소의 하나로 들어가 있는 것만 보아도 당시 입자설의 영향력이 어느 정도였는지 쉽게 짐작할 수 있다.

영의 실험과 파동설

뉴턴의 입자설에 도전한 사람은 물리학자가 아니라 의사였던 영국의 토머스 영Thomas Young, 1773~1829이었다. 의사 일을 하면서 틈나는 대로 물리학 실험을 계속했던 영은 1800년에 빛에 대한 연구의 흐름을 바꿔 놓는 중요한 실험을 했다. 그가 했던 두 개의 슬릿Slit을 이용한 간섭 실험은 오늘날에도 고등학교나 대학의 기초 물리학 실험실에서 '영의 실험'이라는 이름으로 재현되고 있는 유명한 실험이다. 영의 실험을 이해하기 위해 먼저 간섭이 무엇인지 알아보기로 하자.

연못에서 뱃놀이를 해 본 사람이라면 이미 간섭 현상을 경험했을 것이다. 고요한 연못에 배를 저어 가면 물이 일렁이는 파동이 만들어져 퍼져 나간다. 만약 연못에 또 다른 배가 있다면 그 배에서

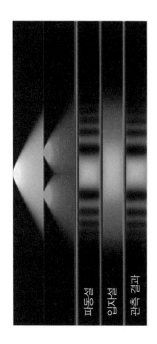

파동설
입자설
관측 결과

● 영의 이중 슬릿 실험. 관측 결과
가 파동설의 예측과 같음을 확인할 수
있다.

도 파동이 만들어질 것이다. 두 배에서 만들어진 파동이 서로 만나면 어떻게 될까? 어떤 점은 파동이 커지고 어떤 점에서는 파동이 작아진다. 이렇게 두 파동이 만나 파동이 커지거나 작아지는 현상을 파동의 간섭이라고 한다. 파동에 간섭이 생기면 매우 복잡한 파동이 만들어지는데 이때 나타나는 파동의 무늬가 간섭무늬이다.

영은 두 개의 작은 슬릿을 통과한 빛이 스크린에서 만나면 어떤 점은 밝아지고 어떤 점은 어두워지는 간섭무늬가 만들어진다는 것을 실험을 통해 확인했다. 이것은 빛이 입자의 흐름이라고 해서는 설명할 수 없는 현상이었다. 영은 실험 결과를 설명하기 위해서 100년 동안이나 잠자고 있던 파동설을 다시 들춰냈다. 하지만 입자설을 믿고 있던 과학자들은 그의 주장을 받아들이려고 하지 않았다.

그런데 입자설로는 설명할 수 없는 현상들이 계속해서 발견되었다. 그중에는 '편광'과 '복굴절'이라는 현상도 있었다. 편광판이나 편광 선글라스를 가지고 놀아 본 적이 있다면 편광이 어떤 것인지 알고 있을 것이다. 두 개의 편광판을 겹쳐 들고 물체를 보면서

한 편광판을 돌리면 물체가 보였다 안 보였다 한다. 이것은 편광판이 한 방향으로 진동하는 빛만을 통과시키기 때문에 나타나는 현상이다. 보통의 빛은 모든 방향으로 진동하는 빛으로 이루어져 있다. 그러나 편광판을 통과한 빛은 한 방향으로 진동하는 빛만으로 이루어져 있다. 한 방향으로만 진동하는 빛을 편광이라고 하는데 편광은 빛이 진동하는 방향에 따라 편광판을 통과하기도 하고 통과하지 못하기도 한다. 편광 현상은 빛을 파동으로 생각할 때만 설명할 수 있다.

복굴절은 방해석과 같은 물체로 들어간 한 줄기의 빛이 나올 때는 두 줄기로 갈라져 나오는 현상이다. 빛은 여러 방향으로 진동하는 파동으로 이루어져 있다. 그런데 물질에 따라서는 빛이 진동하는 방향에 따라 굴절률이 다르다. 빛이 이런 물체를 통과하게 되면 진동 방향이 다른 두 개의 빛으로 갈라져 나오게 된다. 복굴절 역시 빛을 파동이라고 해야 설명할 수 있다.

아직 빛이 작은 입자들의 흐름이라고 생각하고 있던 대부분의 과학자들은 새롭게 발견된 이런 현상들로 인해 곤란한 처지에 놓이게 되었다. 기존의 입자설로는 이런 현상들을 설명할 방법이 없었기 때문이다. 프랑스의 과학 아카데미가 빛이 입자인지 파동인지를 확실하게 밝혀내는 사람에게 상금을 주겠다고 발표한 것은 이런 어려움을 해결하기 위해서였다.

프레넬의 파동설

토목 기사로 오랫동안 군대에서 근무했던 프레넬은 군대에서도 틈나는 대로 빛과 관련된 실험을 했다. 빛을 파동이라고 하면 빛과 관련된 모든 현상을 설명할 수 있다는 것을 알게 된 그는 과학 아카데미에 빛이 파동이라는 것을 증명하는 논문을 제출하고 상금을 받았다. 프레넬의 성공으로 빛이 입자냐 아니면 파동이냐 하는 논쟁의 두 번째 라운드는 파동설의 승리로 일단락되었다.

하지만 빛과 관련된 문제가 모두 해결된 것은 아니었다. 물에 돌을 던지면 물의 흔들림이 퍼져 나가는 것을 볼 수 있다. 물에 던진 돌이 물결 파동을 만들어 낸 것이다. 그런데 물결 파동을 자세히 관찰해 보면 물이 이동해 가는 것이 아니라 물의 흔들림이 이동해 간다는 것을 알 수 있다. 이것은 파동이란 물이 이동해 가는 것이 아니라 물을 통해 에너지가 전달되는 현상이라는 것을 뜻한다.

소리도 마찬가지이다. 큰 소리를 내면 소리가 공기나 물질을 통해 퍼져 나간다. 하지만 이 경우에도 공기가 움직여 가는 것이 아니라 공기의 떨림을 통해서 에너지가 전달되는 것뿐이다. 물이나 공기와 같이 파동을 전달해 주는 물질을 매질이라고 한다. 그러니까 파동은 매질을 통해 에너지가 전달되는 것이다. 그것은 파동이 전파되기 위해서는 파동을 전달해 주는 매질이 있어야 한다는 것을 의미했다.

빛이 파동이라면 빛이 전파되는 데도 매질이 필요하다. 빛을 입자라고 주장했던 입자설에서는 매질의 문제가 없었다. 태양에서부터 작은 입자들이 공간을 통해 지구로 날아온다고 설명하면 되었다. 그러나 파동설에서는 빛을 전달하는 매질이 무엇인지를 설명해야 했다. 태양과 지구 사이에는 어떤 매질이 있는 것일까? 빛을 전달하는 매질을 찾아내려는 여러 가지 노력은 모두 실패로 돌아갔다. 그러나 빛과 관련된 다양한 현상을 설명할 수 있는 파동설을 포기할 수도 없었다. 그래서 과학자들은 우주 공간이 에테르라는 매질로 가득 차 있다고 주장했다. 이것은 파동설을 지켜 내기 위한 임시방편이었다.

맥스웰과 전자기파

프레넬의 노력으로 빛이 파동이라는 것은 밝혀졌지만 어떤 종류의 파동인지에 대해서는 제대로 설명할 수 없었다. 이 문제를 해결한 사람은 영국의 제임스 맥스웰James Clerk Maxwell, 1831~1879이었다. 맥스웰은 전기학과 자기학을 종합하여 전자기학을 완성시킨 영국의 물리학자이다. 뛰어난 수학적 분석 능력을 가지고 있던 맥스웰은 1865년 수학적 계산을 통해 세상에는 전자기파라는 것이 있다고 예측했다. 맥스웰은 아무것도 없는 것처럼 보이는 공간에 전기적 성질과 자기적 성질을 전달해 주는 파동인 전자기파가 날아다닌다고 말했다. 매일 전자기파로 작동하는 스마트폰과 텔레비전을 이용하고 있는 우리는 전자기파가 이미 친숙하지만 당시 사람들에게 전자기파는 낯설기만 한 것이었다. 맥스웰은 한 번도 본 적 없고, 있는지조차도 몰랐던 전자기파의 존재를 예측한 것이다.

그런데 더 놀라운 것은 맥스웰이 이론적으로 계산한 전자기파의 속력이 실험을 통해 알아낸 빛의 속력과 같다는 사실이었다. 맥스웰은 전자기파의 속력이 빛의 속력과 같은 것은 우연의 일치일 수 없다고 생각하고, 빛도 전자기파의 일종이라고 주장했다. 맥스웰이 옳았다. 전자기파에는 파장이 다른 여러 종류의 전자기파가 있는데 우리 눈은 가시광선이라고 하는 일정한 범위의 파장을 가지는 전자기파만 볼 수 있다. 다시 말해서, 우리가 보는 빛은 파장이 일정한 범위에 있는 전자기파였던 것이다.

전자기파가 실제로 존재한다는 것을 실험을 통해 밝혀낸 사람은 독일의 하인리히 헤르츠Heinrich Rudolf Hertz, 1857~1894였다. 헤르츠는 전자기파의 존재를 실험으로 확인했을 뿐만 아니라 다양한 실험을 통해 전자기파가 빛과 같은 성질을 가진다는 것을 알아냈다.

그러나 빛이 전자기파라고 해서 빛을 전파시키는 데 필요한 매질의 문제가 해결된 것은 아니었다. 맥스웰은 빛과 마찬가지로 전자기파가 전달되기 위해서는 매질이 필요할 것이라고 생각하고 우주 공간에 에테르라는 매질이 가득 차 있다는 주장을 받아들였다.

이제 과학자들이 해결해야 할 문제는 전자기파를 전달하는 매질을 실제로 찾아내는 일이었다.

마이컬슨의 실패한 실험

　파동설을 완성하기 위해서는 매질을 찾아내야 했지만 매질을 찾아내려는 노력은 번번이 실패를 거듭하고 있었다. 빛을 전달하는 매질은 정말 있는 것일까? 있다면 어떻게 찾아낼 수 있을까? 미국의 앨버트 마이컬슨Albert Abraham Michelson, 1852~1931은 실험을 통해 이 문제를 해결하겠다고 마음먹었다.

　그는 생각했다. '만약 우주 공간이 에테르라는 매질로 가득 차 있다면 빠른 속력으로 태양 주위를 돌고 있는 지구 주위에는 에테르의 바람이 불고 있어야 한다. 그리고 에테르의 바람이 불고 있다면 지구가 달리는 방향으로 전파되는 빛과 지구가 달리는 방향과 수직 방향으로 전파되는 빛의 속력이 달라야 할 것이다.' 마이컬슨은 자신의 생각을 확인해 보기 위해서 수직인 두 방향으로 달리는 빛의 속력을 비교할 수 있는 정밀한 간섭계를 고안했다. 이 간섭계를 마이컬슨 간섭계라고 부른다. 마이컬슨은 자신이 고안한 간섭계를 이용하여 여러 차례 정밀한 실험을 수행했다. 하지만 실험은 실패로 끝났다. 수직 방향으로 달리는 두 빛의 속력 차이를 발견할 수

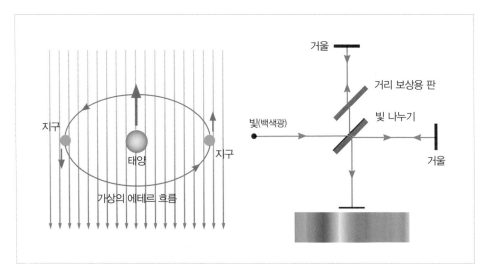

● 지구와 태양계의 운동으로 인한 가상의 에테르 바람(왼쪽)과 마이컬슨 간섭 실험 구조도(오른쪽).

없었다. 에테르가 있다는 증거를 찾지 못한 것이다.

하지만 얼마 뒤, 과학자들은 이 실험 결과가 오히려 빛은 매질이 필요 없는 파동이라는 것을 보여 주는 것임을 알게 되었다. 1905년에 알베르트 아인슈타인Albert Einstein, 1879~1955은 특수 상대성 이론을 발표했다. 특수 상대성 이론은 '빛은 공간을 통해 전달되는 것으로 매질이 필요 없고, 따라서 누구에게나 항상 빛의 속력은 일정하다.'는 광속 불변의 원리를 바탕으로 한 이론이다. 마이컬슨은 에테르를 찾아내는 데 실패한 이 실험으로 1907년 노벨 물리학상을 수상했다.

빛은 매질이 없는 공간을 통해 전파되는 전자기파였다. 빛의 입자설과 파동설 논쟁의 3라운드에서는 다시 한번 파동설의 승리를 확인할 수 있었다. 그러나 입자설과 파동설 논쟁은 아직도 네 번째 라운드를 남겨 두고 있었다.

아인슈타인의 광자설

상대성 이론을 발표하여 과학 발전에 크게 기여한 아인슈타인은 특수 상대성 이론을 발표하던 1905년에 광전 효과를 설명하는 논문도 발표했다. 광전 효과는 금속에 빛을 비췄을 때 금속에서 전자가 튀어나오는 현상으로, 아인슈타인 이전부터 많은 사람들이 실험을 통해 잘 알고 있던 현상이었다. 그러나 어떤 원리로 금속에서 전자가 튀어나오는지는 아무도 설명하지 못하고 있었다. 전자가 튀어나오는 방식이 매우 특이했기 때문이다.

금속에 빛을 비추기만 하면 항상 전자가 튀어나오는 것이 아니라 파장이 짧은 빛을 비췄을 때만 전자가 튀어나왔다. 파장이 긴 빛은 아무리 강한 빛을 비춰도 전자가 튀어나오지 않지만, 파장이 짧은 빛은 아주 약한 빛을 비춰도 전자가 튀어나왔다. 이것은 빛이 파동이라고 해서는 설명할 수 없는 현상이었다. 빛이 파동이라면 파장이 긴 빛도 강하게 비추면 에너지가 충분하게 전달되어 전자가

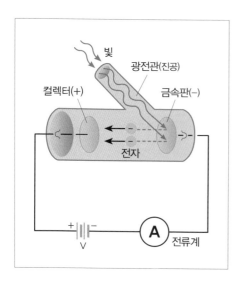

빛
광전관(진공)
컬렉터(+)
금속판(−)
전자
+ −
V
A
전류계

● 광전 효과 실험.

튀어나와야 하고, 파장이 짧은 빛도 약하게 비추면 전자가 튀어나오지 않아야 한다.

파장이 같은 빛을 비추면 약하게 비출 때나 강하게 비출 때나 튀어나오는 전자의 에너지가 같았는데, 이것 역시 빛을 파동이라고 해서는 설명하기 어려웠다. 빛이 파동이라면 빛을 강하게 비추면 많은 에너지가 전달되어 큰 에너지를 가진 전자가 튀어나와야 하고, 빛을 약하게 비추면 적은 에너지가 전달되어 적은 에너지를 가진 전자가 튀어나와야 한다.

그렇다고, 광전 효과를 설명하기 위해 여러 실험으로 증명된 파동설을 포기할 수도 없었다. 그러나 한 젊은 과학자는 다른 사람들이 하지 못한 과감한 가정을 했다. 그 과학자는 바로 스위스에 있는 취리히 연방 공과 대학에서 물리학을 공부하고 베른에 있는 특허 사무소에 근무하고 있던 26세의 아인슈타인이었다.

아인슈타인은 빛을 파동이 아닌 입자로 가정하자고 제안했다. 파장이 짧은 빛은 큰 에너지를 가진 빛 알갱이들로 이루어져 있고,

파장이 긴 빛은 작은 에너지를 가진 빛 알갱이들로 이루어져 있다고 생각하자는 것이다. 그렇게 보면, 빛의 세기가 강하다는 것은 빛 알갱이의 수가 많다는 뜻이지 빛 알갱이 하나하나의 에너지가 큰 것은 아니다. 아인슈타인은 또한 빛이 금속에 있는 전자를 떼어 낼 때는 빛 알갱이 하나와 전자 하나가 1:1로 충돌한다고 가정했다. 이런 가정을 바탕으로 아인슈타인은 금속에서 전자가 튀어나오는 광전 효과를 성공적으로 설명해 냈고, 그 공로로 1921년에 노벨 물리학상을 받았다.

결국 아인슈타인은 빛이 알갱이로 이루어져 있다는 것을 증명하고 노벨상을 받은 것이다. 아인슈타인은 빛 알갱이를 광양자라고 불렀지만 현재는 광자photon라고 한다. 그렇다면 이 마지막 라운드를 통해 다시 입자설이 승리를 거둔 것일까? 그건 아니다. 광전 효과는 빛을 입자라고 해야 설명할 수 있다. 하지만 빛이 파동이라는 여러 가지 증거들이 사라진 건 아니다. 그렇다면 입자설과 파동설 중에서 어느 쪽이 이긴 것일까?

아인슈타인은 빛이 파동과 입자의 성질을 모두 가지고 있다고 주장했다. 이것을 '빛의 이중성'이라고 한다. 입자는 질량을 가지고 있고, 위치를 확실하게 정할 수 있다. 그러나 파동은 에너지가 전달되는 것이어서 질량도 없고, 위치를 정확하게 정할 수도 없다. 따라서 과학자들은 오랫동안 입자와 파동은 전혀 다른 것이라고 생각해 왔다. 그런데 빛은 어떤 때는 입자의 성질을 나타내고 어떤 때는 파동의 성질을 가진다는 것이 확인되었다. 이것을 어떻게 받아들여야 할까?

우리는 우리의 감각을 통해 자연을 알아 간다. 그러나 우리의 감각은 생각처럼 정밀하지 않아 아주 작은 세계에서 일어나는 일들을 감지할 수 없다. 우리가 알고 있는 자연 현상은 충분히 큰 세상에서 일어나는 일들뿐이다. 사람들은 오랫동안 아주 작은 세상에서도 우리가 살아가는 큰 세상에서 일어나는 것과 같은 일들이 일어날 것이라고 생각해 왔다. 그러나 빛은 우리가 알고 있는 것과는 전혀 다른 행동을 보여 주고 있었다.

수백 년 동안 계속된 입자설과 파동설의 논쟁을 무승부로 끝나게 만든 빛의 이중성은 원자보다 작은 세상에서는 우리가 알고 있는 것과는 전혀 다른 일이 일어나고 있다는 것을 알게 해 주었다. 그것은 원자보다 작은 세계를 연구하는 과학자들에게 새로운 길을 보여 주었고, 양자 역학이라는 새로운 물리학이 탄생하는 계기가 되었다.

우리가 다른 전자기파를 본다면
세상이 어떻게 보일까?

우리는 눈으로 들어온 전자기파를 통해 사물을 본다. 그러나 모든 전자기파를 볼 수 있는 것은 아니다. 전자기파의 파장은 수십 킬로미터에서 수십억분의 일 미터에 이르기까지 다양한데, 사람의 눈은 이 중에서 파장이 약 400～760nm^{나노미터}(1nm는 10억분의 1m)인 전자기파만 볼 수 있다. 이러한 전자기파를 우리는 가시광선이라고 부른다. 우리 눈이 이렇게 좁은 범위의 전자기파만 볼 수 있는 것은 태양이 내는 전자기파를 잘 볼 수 있도록 발달했기 때문이다. 표면 온도가 6000℃ 정도인 태양은 우리 눈이 볼 수 없는 전자기파도 내지만 가장 강하게 내는 것은 가시광선이다.

만약 우리가 가시광선이 아닌 다른 전자기파로 세상을 본다면 세상은 어떤 모습일까? 파장이 아주 긴 전파를 통해 세상을 본다면 낮에도 검은 하늘과 하늘 여기저기에 희끄무레하게 빛나는 성운들을 볼 수 있다. 크기가 엄청나게 큰 성운들 중에는 온도가 낮아 파장이 긴 전파만 내는 성운들이 있기 때문이다. 전파 중에서 파장이 짧은 초단파로 하늘을 보면 하늘 전체가 환하게 보일 것이다. 우주의 모든 방향에서 우주가 시작될 때 만들어진 빛인 우주 배경 복사가 우리를 향해 오고 있는데 이 빛이 초단파이기 때문이다. 적외선으로 세상을 본

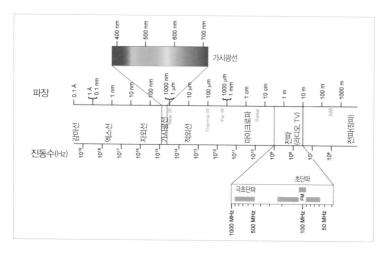

● **다양한 파장의 전자기파.**

다면 어떤 물체가 뜨거운지 차가운지가 눈에 보일 것이다. 그렇게 되면 병원에
서 체온을 재지 않고도 열이 있는지 없는지 알 수 있다. 자외선으로 세상을 보
면 우리 피부에 해로운 자외선이 눈앞에 보여서 자외선 차단제를 바르지 않고
는 흐린 날에도 밖으로 나가려 하지 않을 것이다. 자외선보다 파장이 짧은 엑
스선으로 세상을 본다면 우리 몸을 통과한 엑스선을 통해 몸속을 볼 수 있다.
파장이 가장 짧은 전자기파까지 볼 수 있다면 방사선 검출기가 없어도 몸에 해
로운 방사선을 내는 방사성 원소들이 어디 있는지 쉽게 알 수 있다.

 그러나 우리는 좁은 범위의 전자기파인 가시광선만 볼 수 있기 때문에 세
상에 대해 아주 제한된 범위의 시각 정보만을 이용해서 살아가고 있다. 지구

환경에서는 가시광선이 전해 주는 정보만으로도 다른 동물과의 경쟁에서 살아 남는 데 문제가 없었기 때문일 것이다. 그러나 우주를 이해하기 위해서는 가시 광선이 전해 주는 정보만으로는 충분하지 않다. 그래서 과학자들은 여러 가지 전자기파로 우주를 볼 수 있는 장비를 만들었다. 현대 천문학에서는 모든 파장 의 전자기파를 다 이용해 우주를 보고 있다. 여러 파장의 전자기파를 이용하면 우주에 대한 훨씬 더 많은 정보를 얻을 수 있어 우주를 이해하는 데 큰 도움이 된다.

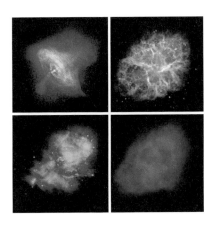

● **엑스선**(왼쪽 위), **가시광선**(오른쪽 위), **적외선**(왼쪽 아래), **전파**(오른쪽 아래)**로 관 측한 게성운의 모습.**

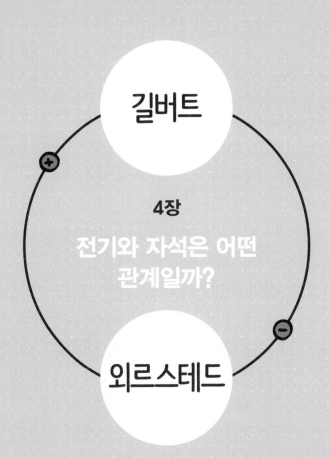

길버트

4장

전기와 자석은 어떤
관계일까?

외르스테드

외르스테드의 발견

1820년 4월 21일, 덴마크 코펜하겐 대학의 물리학 교수였던 한스 크리스티안 외르스테드Hans Christian Ørsted, 1777~1851는 학생들에게 전기에 대한 강의를 하고 있었다. 1800년에 이탈리아의 볼타가 볼타 전지를 발명한 덕분에 여러 가지 전기 실험이 가능해졌다. 실험을 좋아했던 외르스테드는 강의실에 다양한 실험 장치를 갖추어 놓고 강의 때마다 직접 실험을 해서 보여 주곤 했다. 외르스테드 교수의 책상 위에는 볼타 전지, 전기 회로, 도선, 나침반 같은 것들이 늘 준비되어 있었다.

외르스테드가 강의를 시작했다. "이것은 이탈리아의 볼타가 발명한 볼타 전지입니다. 볼타 전지에 도선을 연결하면 도선에 전류가 흐르게 되고, 도선에 흐르는 전류는 열을 발생시킵니다. 그럼 직접 볼타 전지에 도선을 연결해서 열이 어떻게 발생하는지 보도록 하겠습니다." 외르스테드는 전기 회로를 볼타 전지에 연결했다. 그런데 전혀 예상하지 못했던 일이 일어났다. 전기 회로 옆에 놓여 있던 나침반의 바늘이 움직인 것이다. 전기 회로를 전지에 연결하기 전에는 나침반의 바늘이 남쪽과 북쪽을 가리키고 있었다. 그러나 회로를 전지에 연결하자 나침반의 바늘이 회전하여 도선과 수직한 방향을 가리켰다.

"이런, 깜짝 놀랄 일이 일어났군요. 도선에 열이 발생하는 것을 보기 위해 도선을 볼타 전지에 연결했는데 나침반이 돌아갔네요. 왜 그런지 알아보기 위해 다시 실험해 봐야겠어요. 학생들은 잠시 기다려 주세요."

외르스테드는 볼타 전지의 방향을 바꾸어 전류가 반대 방향으로 흐르도록 해 보았다. 그러자 나침반의 바늘이 180° 회전했다. 이번에는 전류가 흐르는 도선을 이리저리 움직여

● 한스 크리스티안 외르스테드(크리스토 퍼 빌헬름 에케르스베르크Christoffer Wilhelm Eckersberg 그림, 1822, 덴마크 기술박물관 소장).

보았다. 그러자 나침반의 바늘도 따라 움직이며 항상 도선과 수직 방향을 가리켰다. 외르스테드는 자신이 중요한 사실을 발견했다는 것을 알아차렸다. 220년 전, 전기와 자석은 아무런 관계가 없다고 했던 길버트가 틀렸다는 것을 말이다.

외르스테드는 자신의 발견을 확실하게 하기 위해 석 달 동안 여러 가지 보충 실험을 했다. 그리고 발견한 내용을 『전기적 충돌이 자침에 미치는 효과에 대한 실험』이라는 논문으로 써서 프랑스 과학 아카데미에 제출했다. 과학자들은 외르스테드의 논문에 큰 관심을 보였고, 논문을 독일어, 프랑스어, 영어 등 여러 나라의 말로 번역했다. 1820년 9월 11일에는 프랑스 과학 아카데미에서 외르스테드의 실험을 다시 해 보는 행사가 열

렸다. 이 자리에는 많은 사람들이 참석하여 전기와 자석 사이에 관계가 있다는 것을 알아낸 외르스테드를 축하했다. 1820년 말에는 영국 왕립 협회가 과학 발전에 크게 기여한 사람에게 주는 코플리 메달을 외르스테드에게 수여했다.

"전류가 흐르는 도선이 가까이에 있으면 나침반의 바늘이 움직인다는 얘기 들었나?" "물론이지! 외르스테드가 그것을 발견했잖아. 길버트가 틀렸을 줄이야." 1820년 유럽의 과학계는 외르스테드의 발견으로 떠들썩했다. 외르스테드는 저명한 과학자가 되었고 큰 명예를 누렸다. 외르스테드가 길버트의 오류를 밝힌 이 발견은 오늘날의 전기 문명을 가능하게 한 역사적인 사건이었다. 전류가 흐르는 도선 주변에 있는 나침반의 바늘이 움직인다는 발견이 왜 그렇게 중요할까? 그리고 그것이 전기 문명을 가능하게 했다는 건 무슨 뜻일까?

전기와 자석은 고대부터 이미 알려져 있었다. 한 물체를 다른 물체로 문지르면 작은 물건을 끌어당기는 마찰 전기가 생긴다. 이 마찰 전기를 처음으로 발견한 사람은 고대 그리스 시대의 철학자 탈레스라고 전해진다. 탈레스는 보석의 일종인 호박을 털가죽으로 문질렀을 때 생기는 정전기 현상을 관찰했다. 전기를 뜻하는 영어 단어 'electricity'가 호박을 뜻하는 그리스어 'electron'에서 유래한 것은 이 때문이다.

자석 역시 오래전부터 사람들에게 알려져 있었다. 자석을 이용한 기록은 메소포타미아 시대나 고대 중국에까지 거슬러 올라간다. 중국에서는 일찍부터 자석의 성질을 이용하여 방향을 확인하는 나침반을 만들어 사용해 왔다. 중국에서 유럽으로 전해진 나침반이 유럽의 대항해 시대를 여는 데 중요한 역할을 한 것은 널리 알려진 사실이다.

그런데 고대에는 전기와 자석을 구별하지 않고 모두 신비한 힘이라고 생각했다. 서로 접촉하지 않고도 물건을 끌어당기는 전기나 자석의 힘을 제대로 이해할 방법이 없었기 때문이다. 간혹 전기와 자석을 이용한 실험이 행해지기도 했지만 체계적인 실험은 아니었다. 전기와 자석의 성질을 밝혀내기 위한 체계적인 과학 실험을 최초로 한 사람은 영국의 의사였던 윌리엄 길버트William Gilbert, 1544~1603였다.

코페르니쿠스가 『천체의 회전에 관하여』를 출판한 다음 해인 1544년에 태어나 의사로 활동했던 길버트는 물리학, 화학, 천문학과 같은 과학 분야에도 관심이 많았다. 길버트가 1600년에 출판한 『자석에 대하여』는 전기와 자석에 대한 과학적 연구를 시작하는 계기를 제공한 책이라고 할 수 있다. 과학 연구에서 실험의 중요성을 강조했던 길버트는 이 책에 다양한 실험 결과로 알게 된 전기와 자석의 성질을 설명해 놓았다.

● 『자석에 대하여』 제목 페이지.

길버트는 자석은 철과 비슷해서 과학자들도 철과 자석을 구분하기 어렵다면서, 이것은 철과 자석이 모두 지구 내부의 같은 곳에서 만들어졌기 때문이라고 주장했다. 오랫동안 자석을 돌이라고 여겼던 그동안의 생각이 틀렸으며, 지구와 자석이 밀접한 관계가 있다는 뜻이었다. 길버트는 자석의 성질을 알아보기 위한 실험에서 지구와 비슷한 공 모양의 자석을 사용했다. 그리고 이 실험 결과와 지구 여러 곳에서 측정한 지구 자기에 대한 측정 결과를 비교해 지구가 하나의 커다란 자석이라는 것

● 베소리움. 길버트가 발명한 실험 도구로 마찰 전기 가까이 가져가면 바늘이 돌아가는 장치.

을 밝혀냈다. 길버트 이전에는 나침반의 바늘이 북쪽과 남쪽을 가리키는 것은 지구의 북극과 남극 때문이 아니라 하늘에 있는 극 때문이라고 생각했었다.

그나마 자석은 먼 바다를 항해하는 데 없어서는 안 되는 나침반을 만드는 데 쓰였으므로 그 성질이 비교적 잘 알려져 있었다. 그러나 전기에 대해서는 알려진 것이 거의 없었다. 전기를 과학적으로 연구하기 시작한 것도 길버트였다. 길버트는 마찰 전기에 의해 작용하는 힘의 세기와 방향을 측정할 수 있는 '베소리움Vesorium'이라는 오늘날의 풍향계와 비슷한 모양의 실험 도구를 고안하고, 이 장치를 이용하여 많은 실험을 했다.

길버트는 전기 현상을 나타내는 물질과 나타내지 않는 물질의 목록을 만들었으며, 건조한 날이나 공기가 차가울 때는 전기 현상이 뚜렷하게 나타나지만 습도가 높은 날에는 잘 나타나지 않는다는 사실도 발견했다. 또한, 전기 현상은 특정한 물질에만 나타나는 성질이 아니라 여러 가지 물질에서 일반적으로 나타나는 현상이라는 것도 알아냈다.

『자석에 대하여』에서 길버트는 호박의 힘, 즉 전기력은 자석과는 다른 것이라고 설명했다. 신비한 힘으로 한데 묶어 다루던 전기와 자석을 전혀 다른 현상으로 구분해 놓은 것이다. 길버트는 전기적 성질을 나타내는 물질과 자석의 성질을 나타내는 물질의 종류가 다를 뿐만 아니라, 전기와 자석은 원리적으로도 다르다고 주장했다. 이러한 길버트의 주장을 그대로 받아들인 후세의 과학자들은 오랫동안 전기와 자석을 아무 관계 없는 전혀 다른 것으로 여겼다.

전기학의 발전

길버트 이후 많은 과학자들이 전기의 성질을 밝혀내기 위한 본격적인 연구를 시작했다. 초기에 이루어진 전기에 대한 연구는 현대 과학의 눈으로 보면 매우 초보적인 것이었다.

예컨대, 한 과학자는 물체를 마찰시켜 만든 마찰 전기가 물체를 통하여 다른 곳으로 흐르는지 알아보는 실험을 주로 했다. 주변에서 볼 수 있는 거의 모든 물질을 이용하여 실험한 그는 전기가 잘 흐르는 도체와 전기가 잘 흐르지 않는 부도체의 목록을 만들었다. 심지어 사람 몸을 통해서도 전기가 흐르는지 알아보기 위해 어린아이를 공중에 매달고 몸에 마찰 전기를 접촉시킨 뒤, 손바닥에 종

● 1746년 놀레(Jean-Antoine Nollet)가 한 '전기 소년' 실험. 줄에 매달려 있는 소년에게 정전기를 일으키고, 소년의 손바닥에 종이 조각이 달라붙는지 관찰하는 실험. 오른쪽 여자는 전기 충격이 느껴지는지 보려고 손가락을 소년의 코에 대 보고 있다(미국 펜실베이니아주 과학사 연구소 소장).

이가 달라붙는지 관찰하기도 했다.

　　그런가 하면, 전기가 식물과 동물의 성장에 어떤 영향을 끼치는지 알아보기 위해 마찰 전기 주변에 화분이나 새장을 놓아 보기도 했다. 전기가 얼마나 빠르게 흐르는지 확인하기 위해서 여러 사람이 한 줄로 서서 손을 잡고 끝에 있는 사람이 마찰 전기의 두 극에 손을 댔을 때 중간에 있는 사람들이 얼마나 빨리 쓰러지는지 알아보는 실험도 있었다.

미국의 정치가로 과학에도 관심이 많았던 벤저민 프랭클린은 비오는 날 하늘에 연을 날려 천둥과 번개가 전기에 의해 일어나는 현상이라는 것을 알아낸 것으로 유명하다. 프랭클린의 이 위험한 실험 덕분에 벼락을 피할 수 있는 피뢰침이 발명되기도 했다.

이러한 노력으로 과학자들은 전기에는 두 가지 종류가 있다는 것을 알게 되었다. 프랑스의 물리학자 샤를 쿨롱Charles Augustin de Coulomb, 1736~1806은 1785년에 두 가지 전기 사이에 작용하는 전기력의 세기를 설명하는 '쿨롱의 법칙'을 발견했다. 같은 종류의 전기 사이에는 서로 밀어내는 척력이, 다른 종류의 전기 사이에는 서로 잡아당기는 인력이 작용하는데, 이때 전기력의 크기는 전기량의 곱에 비례하고 거리의 제곱에 반비례한다는 것이 바로 쿨롱의 법칙이다. 쿨롱의 법칙은 전기 현상을 설명하는 최초의 과학 법칙이었다.

하지만 이때까지도 전기는 실험실에서 연구용으로만 사용되고 있었다. 실생활에 이용할 수 있을 정도의 많은 전기를 만들어 낼 수 있는 방법을 몰랐기 때문이다. 당시에는 물체를 마찰시켜 얻은 마찰 전기로 실험을 했는데, 손으로 물체를 마찰시키는 것으로는 아주 적은 양의 전기밖에 만들 수 없다. 따라서 회전하는 유황 공에 물체를 마찰시켜 많은 양의 마찰 전기를 만들어 내는 장치가 고안되었다. 이렇게 만든 전기를 저장했다가 사용할 수 있는 장치도 발명했다. 그러나 이 정도의 전기로는 실험실에서 간단한 실험을 할 수 있을 뿐이었다. 전기에 대한 본격적인 연구를 하기 위해서는 안정적으로 많은 전기를 만들어 낼 수 있는 새로운 방법이 필요했다.

● 유황 공을 이용한 마찰 전기 발생 장치.

볼타 전지의 발명

안정적으로 전기 실험을 할 수 있을 만큼 충분한 전기를 만드는 새로운 장치는 의외의 연구를 통해 발명되었다. 이탈리아의 생물학자였던 루이지 갈바니Luigi Aloisio Galvani, 1737~1798는 1786년에 죽은 개구리의 다리를 가지고 실험을 하다가 구리판 위에 놓여 있던 개구리 다리를 철로 된 칼로 건드릴 때마다 개구리 다리가 움직이는 것을 발견했다. 갈바니는 이 실험을 여러 번 반복하고, 동물의 근육이 동물전기라고 부르는 새로운 종류의 전기를 가지고 있다는 연구 결과를 발표했다.

- 알렉산드로 볼타와 볼타 전지(볼타 전지는 이탈리아 코모에 있는 볼타 박물관Tempio Voltiano 소장).

그러나 갈바니와 잘 알고 지내던 물리학자 알레산드로 볼타 Alessandro Volta, 1745~1827는 갈바니가 했던 개구리 다리 실험을 여러 가지로 다시 해 보다가 새로운 사실을 발견했다. 개구리 다리의 한 쪽을 구리판에 대고 다른 쪽에 철로 된 칼을 대면 개구리 다리가 움직이지만, 양쪽에 같은 종류의 금속을 대면 개구리 다리가 움직이지 않았다. 볼타는 개구리 다리를 움직이도록 한 전기는 개구리 다리에서 생긴 것이 아니라 두 가지 서로 다른 금속 때문에 생겼다는 것을 알게 되었다.

이 발견을 바탕으로 볼타는 서로 다른 종류의 금속판 사이에 묽은 황산이나 소금물에 적신 종이를 끼워 넣은 볼타 전지를 발명했다. 1800년의 일이었다. 볼타 전지를 이용하면 안정적으로 흐르는 전류를 만들어 낼 수 있었기 때문에 전기에 대한 본격적인 연구가 가능해졌다. 볼타 전지의 발명으로 유명해진 볼타는 나폴레옹 황제 앞에서 볼타 전지를 이용하여 물을 전기 분해하는 실험을 하기도 했다. 이 실험으로 그는 많은 상금과 훈장을 받았으며 후에 백작 작위까지 받았다. 볼타 전지는 오늘날 우리가 편리하게 사용하고 있는 대부분의 전지의 원조라고 할 수 있다. 전압의 단위인 V볼트도 그의 이름에서 온 것이다.

전류의 자기 작용

볼타 전지 덕분에 외르스테드는 전기 회로를 이용한 실험을 할 수 있었다. 전류가 흐르는 도선 가까이 있던 나침반의 바늘이 움직인 것은 전류가 자석의 성질을 만들어 낸다는 것을 뜻했다. 1600년에 길버트가 전기와 자석은 서로 전혀 다른 성질이라고 설명한 이후 누구도 전기와 자석 사이에 밀접한 관계가 있다고 생각하지 않았다. 200년 동안 여러 실험을 통해 전기에 대해 많은 것을 알아냈지만 그것은 어디까지나 전기에 대한 것이어서 자석의 성질과는 아무 관계가 없는 것이라고 생각했다. 그러나 외르스테드의 실험 결과는

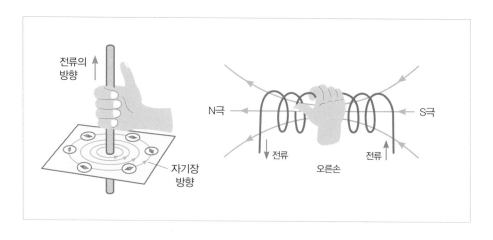

전류에 의해 만들어지는 자석의 방향을 알려 주는 앙페르의 법칙.

길버트의 주장과 달리, 전기의 흐름인 전류가 자석의 성질을 나타낸
다는 것을 보여 주고 있었다. 그것은 누구도 예상하지 못했던 것이
었기에 그만큼 놀라움도 컸다. 외르스테드의 실험이 알려지자 유럽
의 과학계가 떠들썩했던 것은 이 때문이었다.

소식을 전해 들은 과학자들은 외르스테드의 실험을 다시 해 보
고, 전류가 자석의 성질을 만들어 내는 현상을 설명하는 법칙들을
찾아냈다. 프랑스의 앙드레 마리 앙페르André-Marie Ampère, 1775~1836가 발견
한 '앙페르의 법칙'도 그중 하나였다. 앙페르의 법칙은 오른손 주먹
을 쥐고 엄지손가락을 폈을 때 엄지손가락 방향을 전류의 방향이라
고 하면 주먹을 말아 쥔 다른 손가락들이 가리키는 방향이 자석의

N극 방향이 된다는 법칙이다. 앙페르의 법칙을 이용하면 직선 도선에 흐르는 전류는 물론, 고리 모양이나 코일 모양의 도선에 전류가 흐를 때도 어느 쪽이 N극 방향이 되고 어느 쪽이 S극 방향이 되는지를 알 수 있다.

전류가 자석의 성질을 만들어 내는 현상을 '전류의 자기 작용'이라고 하는데, 전류의 자기 작용을 이용하면 전자석을 만들 수 있다. 초등학교 때 못에 코일을 감고 코일에 전류를 흐르게 하여 전자석을 만드는 실험을 해 본 학생들이 많이 있을 것이다. 어쩌면 이 실험을 하면서 자석에는 전류와 관계없는 영구 자석과 전류를 이용하여 만든 전자석, 두 종류가 있다고 배웠을지도 모른다. 그러나 그것은 사실과 다르다. 모든 자석은 전류가 흐를 때만 만들어지기 때문이다. 영구 자석은 겉으로 보기엔 전류와 아무 관련이 없는 것 같지만 영구 자석도 알고 보면 전류에 의해 만들어진다.

영구 자석이 어떻게 전류와 관련이 있는지 알려면 원자를 알아야 한다. 모든 물질은 원자로 이루어져 있다. 원자 내부에서는 양(+)전기를 띤 원자핵 주위를 음(-)전기를 띤 전자들이 돌고 있다. 전기가 흘러가는 것이 전류이므로 음(-)전기를 띤 전자가 원자핵 주위를 도는 것은 원자핵 주위에 전류가 흐르는 것과 같다. 따라서 모든 원자 주위에는 전류가 흐르고 있고, 이 전류 때문에 원자는 자석의 성질을 갖게 된다. 원자 하나하나가 작은 자석인 셈이다. 이뿐만 아니라 음(-)전기를 띤 전자들은 원자핵 주위를 돌면서 스스로의 축을 중심으로도 돌고 있다. 따라서 전자들도 자석의 성질을 갖는다.

물질을 이루는 원자 자석의 방향이 제각기 흩어져 있는 경우에는 전체적으로 자석의 성질을 나타내지 않지만, 물질 내부의 원자 자석과 전자 자석이 일정한 방향으로 배열되어 있으면 자석의 성질을 나타내게 된다. 이러한 물질을 강자성체라고 하는데 강자성체로 만든 것이 영구 자석이다. 따라서 전자석과 마찬가지로 영구 자석도 전류에 의해 만들어진다고 할 수 있다. 외르스테드의 발견으로 자석은 전기에 의해 만들어지는 현상이라는 것이 밝혀진 것이다.

전자기 유도 법칙

전기의 흐름이 자석의 성질을 만든다는 것이 밝혀지자 자석을 이용하여 전기의 흐름을 만들 수도 있지 않을까 생각하는 과학자들이 생겨났다. 자석을 이용하여 전기의 흐름을 만드는 데 성공한 사람은 영국의 마이클 패러데이Michael Faraday, 1791~1867였다. 가난한 대장장이의 아들로 태어나 열세 살 때 학교를 그만두고 서적 판매원과 제본공 일을 하던 패러데이는 일하면서 틈틈이 읽은 책을 통해 과학에 흥미를 가지게 되었고, 당시 영국에서 가장 유명한 화학자였던 험프리 데이비의 실험 조수가 되었다.

데이비의 조수가 된 패러데이는 화학 실험을 하다 시간이 나면

외르스테드의 실험을 스스로 확인해 보기
도 했는데, 그러다 자석을 이용하여 전류
를 발생시키는 연구를 본격적으로 시작했
다. 처음에는 강한 자석이 전류를 만들어
낼 것으로 생각하고 여러 번 실험을 했지
만 모두 실패하고 말았다. 마침내 1831년
에 패러데이는 움직이는 자석 부근에 놓
아둔 도선에 전류가 흐른다는 것을 발견
했다. 전류를 만들어 내는 것은 강한 자석
이 아니라 움직이는 자석이었다. 정지해
있는 자석 주위에서 도선을 움직이는 경

●— 마이클 패러데이(토머스 필립스Thomas
Phillips 그림, 1842).

우에도 도선에 전류가 흘렀다. 움직이는 자석이 전류를 만들어 내
는 이 현상을 '전자기 유도'라고 한다. 패러데이는 이러한 결과를
1831년 11월 영국 왕립 협회에서 발표했다.

전자기 유도 법칙으로 인해 손쉽게 전기를 만들 수 있는 길이 열
렸다. 큰 자석을 빠르게 돌리면 많은 양의 전기를 생산할 수 있었다.
실험실에서 실험용으로만 사용되던 전기가 일상생활에도 쓰일 수
있게 된 것이다. 큰 도시를 유지하거나 커다란 공장을 돌리기 위해
서는 아주 많은 양의 전기가 필요하다. 현재 세계 곳곳에는 많은 전
기를 생산하기 위한 수력 발전소, 화력 발전소, 핵 발전소가 건설되
어 있다. 발전소마다 발전기를 돌릴 때 사용하는 에너지는 각기 다

른 방법으로 얻어지지만 발전기의 원리는 모두 패러데이가 발견한 전자기 유도 법칙에 바탕을 두고 있다. 오늘날 우리가 누리는 전기 문명은 외르스테드가 발견한 전류의 자기 작용과 패러데이가 발견한 전자기 유도 법칙 덕분에 가능했다고 할 수 있다.

외르스테드가 발견한 전류의 자기 작용과 패러데이가 발견한 전자기 유도 법칙으로 길버트 이후 오랫동안 전기학과 자기학으로 나누어졌던 두 가지 이론은 전자기학으로 통합되었다. 외르스테드와 패러데이의 발견을 종합하고 정리하여 통일된 전자기학 이론을 완성한 사람은 영국의 물리학자 제임스 맥스웰이었다.

맥스웰과 전자기학

수학에 뛰어난 재능이 있던 맥스웰은 전류의 자기 작용과 전자기 유도 법칙을 정리하고 일부를 수정하여 전기와 자석의 행동과 이들 사이의 상호 작용을 나타내는 네 개의 방정식을 만들었다. '맥스웰 방정식'이라고 부르는 이 방정식들은 전기와 자석의 행동을 설명하는 기본적인 법칙이다.

맥스웰 방정식은 대학에서나 배우는 조금은 복잡한 수학을 이용하여 표현되기 때문에 중학교 학생들이 수식을 이해하거나 직접 풀어 보는 것은 어렵다. 이 방정식을 풀어 보는 일은 대학에 가서 해

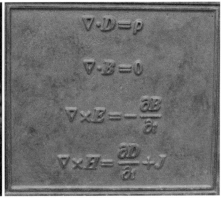

● 제임스 맥스웰과 영국 에든버러에 있는 맥스웰 동상의 기단부에 새겨져 있는 맥스웰 방정식.

야 할 가장 중요한 숙제로 남겨 놓는 것도 좋을 것이다. 하지만 방정
식이 나타내고 있는 내용은 크게 어렵지 않으니 한번 살펴보자.

먼저, 위의 맥스웰 방정식 사진에서 처음 두 식은 각각 전기와
자석이 어떻게 힘을 작용하는지를 나타낸다. 전기 사이에 작용하는
힘을 설명하는 쿨롱 법칙은 첫 번째 방정식으로부터 유도할 수 있
다. 나머지 두 식은 전기와 자석 사이의 상호 작용을 보여 준다. 세
번째 방정식은 전류나 전기력의 변화가 주변에 자석의 성질을 만들
어 낸다는 것을 뜻하며, 앙페르의 법칙과 같다. 네 번째 방정식은 움
직이는 자석이 전류를 만들어 내는 것을 나타내며, 패러데이가 발
견한 전자기 유도 법칙을 수식으로 정리한 것이다.

맥스웰은 전기와 자석의 상호 작용을 나타내는 세 번째 식과 네 번째 식을 이용해서 전자기파의 파동 방정식을 만들 수 있었다. 이것은 그때까지 누구도 생각하지 못했던 전자기파가 공중에 날아다니고 있다는 것을 나타냈다. 수학적 계산으로 전자기파의 속력을 계산해 본 맥스웰은 전자기파의 속력이 빛의 속력과 같다는 것도 알아냈다. 따라서 맥스웰은 빛도 전자기파의 일종이라고 결론지었다.

맥스웰이 수학적으로 예측했던 전자기파를 실험을 통해 찾아낸 사람은 독일의 하인리히 헤르츠였다. 헤르츠는 코일로 회로를 만들고 높은 진동수의 전기 스파크를 일으키면 이 회로와 분리되어 있는 다른 코일에도 전기 스파크가 생기는 현상을 관측했다. 한 코일에서 발생한 전자기파가 떨어져 있는 다른 코일로 전달된 것이다. 헤르츠는 자신의 실험을 더욱 발전시켜 전자기파의 직진, 반사, 굴절, 편광 등의 성질을 조사했다. 이를 통해 헤르츠는 전자기파가 맥스웰의 예측대로 빛과 똑같은 성질을 가진다는 것을 확인했고, 전자기파의 전파 속력이 빛의 속력과 같다는 것도 확인했다. 헤르츠의 실험으로 맥스웰의 전자기 이론은 사실로 증명되었고, 맥스웰 방정식은 전자기학의 중심 이론으로 자리 잡았다.

헤르츠가 전자기파의 존재를 확인한 뒤로 전자기파를 이용한 통신이 급속히 발전했다. 1899년에는 이탈리아의 마르코니가 영국 해협을 건너는 무선 통신에 성공했고, 1901년에는 대서양을 횡단하는 무선 통신에 성공했다. 오늘날에는 전자기파로 작동하는 텔레비전과 라디오, 스마트폰이 없으면 살아가기 어려울 정도로 전자기파는 우리 생활에서 중요한 자리를 차지하고 있다. 120년 전에는 존재조차 알지 못했던 전자기파가 오늘날 우리 생활에 없어서는 안 될 것이 되었다는 사실은 지난 100년 동안 전자기파와 관련된 기술이 얼마나 많이 발전했는지를 잘 말해 준다.

전자공학의 발전과 현대인의 생활

대형 발전소가 세워져 전기를 풍부하게 공급할 수 있게 되자 전기로 작동하는 여러 가지 기구들이 발명되었다. 사람들이 전기를 마음대로 사용할 수 있게 된 것은 이제 100년 정도밖에 안 되지만 이 기간 동안 인류의 생활 모습은 지난 수백만 년 동안 변화해 온 것보다 더 많이 변했다. 현대를 살아가는 우리들은 100년 전과는 전혀 다른 세상에 살고 있다.

우리 생활이 이렇게 크게 변한 데는 전자공학의 발전이 가장 큰 역할을 했다. 각종 전자 장비를 만들어 내는 전자공학의 발전은 우리가 살아가는 데 필요한 물건을 생산하고, 수송하고, 소비하는 과정을 완전히 바꾸어 놓았다.

20세기에는 반도체로 만든 전자 소자가 개발되어 사용됨에 따라 전자공학이 비약적으로 발전했다. 도체도 부도체도 아니어서 쓸

모없어 보이던 반도체를 이용하여 만든 전자 소자는 적은 양의 에너지로도 작동할 뿐만 아니라 아주 작게도 만들 수 있으며, 수명도 길고 값도 쌌다. 반도체 소자는 전자공학 시대를 이끄는 데 필요한 모든 특징을 가지고 있었다. 반도체 소자의 사용으로 값이 싸면서도 뛰어난 성능을 가진 소형 컴퓨터와 스마트폰을 누구나 사용할 수 있게 되었다.

물론 이러한 첨단 전자 제품도 외르스테드가 전기와 자석이 밀접한 관계가 있다는 것을 밝혀냈기에 가능했다. 이런 의미에서 외르스테드가 길버트의 주장이 틀렸다는 것을 밝혀낸 1820년은 인류가 새로운 시대를 시작한 해였다고 해도 지나친 말이 아닐 것이다.

에디슨과 테슬라의 전류 전쟁

축음기, 전구 등을 발명하여 발명왕으로 유명한 미국의 토머스 에디슨 Thomas Alva Edison, 1847~1931은 회사를 설립하여 사업을 하기도 했다. 크로아티아 출신의 과학 기술자인 니콜라 테슬라Nikola Tesla, 1856~1943는 한때 에디슨이 설립한 전기 회사에서 발전기를 개량하는 일을 했다.

전류에는 두 가지가 있다. 하나는 항상 한 방향으로만 흐르는 직류이고, 하나는 전류가 흐르는 방향이 빠르게 바뀌는 교류이다. 직류는 전선을 통해 전류가 흐를 때 전선에서 열이 많이 발생하기 때문에 멀리 전송하는 데는 어려움이 있었지만, 모터를 돌릴 수 있다는 장점이 있었다. 반면에 교류는 전기를 멀리 전송하는 데는 유리했지만 모터를 돌릴 수는 없었다. 테슬라는 직류 발전기를 개량하여 효율을 높이는 데 성공하고도 급여 문제로 에디슨과 다투고 회사를 그만두었다.

테슬라는 곧 테슬라 전기 회사를 설립하고, 교류 발전기와 교류에서도 작동하는 모터를 개발했다. 교류 모터로 인해 교류로도 모터를 돌릴 수 있게 되자 직류의 장점은 사라졌다. 테슬라는 웨스팅하우스라는 사람이 설립한 회사에 들어가 전기와 관련된 다양한 연구를 계속했다.

● 에디슨과 테슬라.

한편, 에디슨은 1880년에 에디슨 조명 회사를 세워 뉴욕 맨해튼의 59가구에 110V의 직류 전기를 공급하기 시작했다. 1887년에는 미국의 121개 발전소에서 직류 전기를 공급했다. 그러나 직류 전기는 전선에 발생하는 열 때문에 2.4km 이내에서만 효과적으로 공급할 수 있었고, 따라서 전기를 많이 사용하는 도시 근처에 발전소를 세워야 했다. 테슬라와 웨스팅하우스는 수백 킬로미터 떨어진 곳까지도 전력 공급이 가능한 교류를 사용해야 한다고 주장했다. 본격적인 전류 전쟁의 시작이었다.

에디슨은 교류는 너무 위험하다며 직류를 사용할 것을 강력하게 주장했다. 그는 교류가 위험하다는 것을 선전하기 위해 공원에서 사람들이 보는 가운데 교류 전기로 코끼리를 죽이는 실험을 하는가 하면, 정부 당국을 설득하여 사형

집행에 교류를 이용하도록 하기도 했다. 교류가 직류보다 위험하다는 에디슨의 주장은 사실과 달랐지만 에디슨의 보여 주기식 선전 덕분에 초기의 전류 전쟁에서는 에디슨이 우세를 보였다.

교류 사용을 주장하던 웨스팅하우스는 거의 파산 지경에 이르렀다. 테슬라는 웨스팅하우스로부터 자신의 발명 대가로 지불되는 특허료를 받지 않겠다고 약속했다. 웨스팅하우스와 테슬라는 어려운 가운데서도 교류의 장점을 널리 알리기 위해 노력했고, 차츰 사람들의 생각이 바뀌기 시작했다. 마침내, 시카고 만국 박람회에 사용될 조명 설비 공급 입찰에서 웨스팅하우스사가 에디슨 회사를 물리치고 전력 공급권을 따냈다. 1893년 5월 웨스팅하우스사는 교류 전기로 박람회장을 환하게 밝혔다. 1895년에 있었던 나이아가라폭포 수력 발전소 건설 공사 역시 웨스팅하우스사가 따냈다. 교류의 공급은 크게 확대되었고, 에디슨과의 전류 전쟁에서 웨스팅하우스와 테슬라는 결국 승리를 거두었다.

에디슨은 이후에도 계속 직류 사용을 주장했고, 에디슨이 직류를 처음 공급했던 뉴욕에서는 2007년까지도 1600가구가 직류를 사용하다 그해 11월 14일에야 직류 전기의 공급이 중단되었다. 에디슨은 죽기 전, 자신의 가장 큰 실수는 테슬라와 그의 연구를 제대로 평가하지 못한 것이었다고 인정했다.

전류 전쟁에서의 승리에도 불구하고 테슬라는 가난하게 살다 세상을 떠났다. 그러나 그의 이름은 자석의 세기를 나타내는 T[테슬라]라는 단위에 남아 있다. 요즘은 전기 자동차 회사 이름으로도 만날 수 있다.

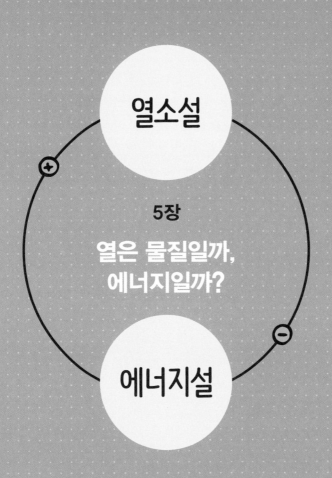

5장

**열은 물질일까,
에너지일까?**

카르노의 고민

18세기부터 영국과 독일을 비롯한 유럽 여러 나라에서 열기관이 널리 사용되기 시작했다. 열기관은 나무나 석탄과 같은 연료를 태울 때 나오는 열을 이용하여 기계를 움직이는 장치이다. 프랑스의 젊은 과학자였던 니콜라 사디 카르노Nicolas Leonard Sadi Carnot, 1796~1832는 영국이나 독일에 비해 뒤떨어져 있던 프랑스의 열기관 기술을 발전시키는 데 기여하겠다고 마음먹었다.

대학을 졸업하고 군인으로 일했던 카르노는 나폴레옹이 전쟁에서 진 뒤 군대에서 제대했다. 나폴레옹 시대에 장관을 지낸 아버지가 다른 나라로 망명했기 때문이다. 제대 후 대학으로 돌아온 카르노는 성능이 더 좋은 열기관을 만드는 연구에 전념했다. 카르노는 열기관이 연료를 태워 발생시킨 열 중 얼마를 일로 바꾸는지를 나타내는 열효율에 주목했다.

'성능이 좋은 열기관을 만들기 위해서는 열기관의 열효율을 높여야 한다. 열을 모두 동력으로 바꿀 수 있는 열기관을 만들 수 있을까? 아니면 열기관의 효율에도 어떤 한계가 있을까?' 이미 여러 나라에서 열기관을 사용하고 있었지만 그때까지 아직 열에 대한 연구가 본격적으로 이루어지지 않았기 때문에 이런 열효율의 문제를 과학적으로 분석한 사람은 없었다.

카르노는 열을 설명하는 두 가지 이론 중에서 어떤 것을 선택해야 할지부터 고민했다. '열도 에너지의 일종이라는 에너지설이 맞을까? 아니면 열소설에서 주장하는 것처럼 열은 열소라는 물질의 화학 작용일까?'

카르노는 열소설을 선택했다. 모든 열기관이 작동할 때는 높은 온도와 낮은 온도가 필요하다는

● 니콜라 사디 카르노(루이 부알리Louis-Léopold Boilly 그림, 1813).

것을 카르노는 잘 알고 있었다. 연료를 태워 물을 끓이면 수증기가 발생해서 부피가 커진다. 부피가 커진 수증기에 찬물을 부으면 부피가 줄어든다. 이때의 부피 변화를 이용해 기계를 움직이는 것이 당시 널리 사용되던 열기관이었다. 카르노는 에너지설보다는 열소설이 이런 열기관의 작동을 더 잘 설명한다고 생각했다.

열소설에서는 열기관의 작동을 물레방아가 돌아가는 원리와 비슷한 방법으로 설명했다. 물레방아에서는 높은 곳에 있던 물이 아래로 떨어질 때, 높은 곳에서 가지고 있던 물의 위치 에너지를 운동 에너지로 바꿔서 물레방아를 돌린다. 마찬가지로, 열기관에서는 물 대신 열소가 높은 온도에서 낮은 온도로 흘러가면서 열소가 가지고 있던 에너지를 운동 에너지로 바꿔 기계를 작동시킨다는 것이다. 열기관이 작동하기 위해서는 항상

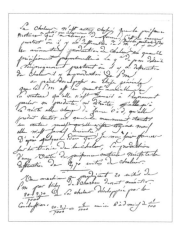
● 열이 동력으로 전환되는 것을 연구한 카르노의 노트.

높은 온도와 낮은 온도가 필요하다는 것을 경험으로 알고 있던 당시 사람들에게 이런 설명은 매우 설득력이 있었다.

카르노는 열소설을 이용한 분석을 통해서 열효율에는 높은 온도와 낮은 온도의 비율에 의해 정해지는 최댓값이 존재한다는 것을 알아냈다. 카르노의 논문은 열을 과학적으로 연구한 첫 번째 논문이었다.

비록 열소설로 열기관의 작동을 분석하기는 했지만, 카르노는 에너지설에도 관심을 가지고 있었다. 그가 남긴 노트에는 다음과 같은 글이 남아 있다. "열기관의 작동을 설명하는 데는 열소설이 더 좋아 보이지만 열과 관련된 현상 중에는 에너지설로밖에는 설명할 수 없는 것도 있는 것 같다. 열소설과 에너지설을 비교하기 위해 더 많은 실험이 필요할 것이다." 하지만 카르노는 열소설과 에너지설에 관한 고민을 풀지 못한 채 일찍 세상을 떠나고 말았다.

카르노는 왜 두 이론을 놓고 계속해서 고민했을까? 열소설을 바탕으로 하여 얻은 카르노의 결론은 옳았을까? 열은 과연 열소설에서 말한 것처럼 하나의 물질일까, 아니면 에너지설의 주장처럼 에너지의 일종일까?

인류는 신석기 문명 이전부터 불과 열을 이용해 왔다. 그렇기 때문에 열에 대한 이론적 연구가 있기 전부터 사람들은 열에 대해 많은 것을 알고 있었다. 고대에 이미 불이나 열을 이용해 자동으로 열리거나 닫히는 신전 문을 만들었고, 수증기를 이용하여 작동하는 간단한 장치도 만들었다. 18세기부터는 물을 끓일 때 발생하는 수증기를 이용해 기계를 움직이는 본격적인 열기관인 증기 기관이 널리 쓰이기 시작했다.

증기 기관을 만들려는 시도는 17세기 말부터 있었다. 증기 기관을 처음으로 설계한 사람은 영국 출신으로 프랑스에서 활동했던 드니 파팽Denis Papin, 1647~1712(?)이었다. 1690년, 파팽은 물이 수증기로 바뀌면 부피가 1300배 늘어나고, 반대로 수증기가 물이 되면 부피가 급격하게 줄어드는 현상을 이용하여 증기 기관을 만들었다. 파팽은 실린더 안에 물을 넣고 끓여서 이때 생기는 수증기의 힘으로 실린더에 연결된 피스톤을 높이 들어 올린 다음 실린더를 차가운 물로 식혔다. 수증기가 물로 변하면서 줄어든 부피만큼 다시 피스톤이 아래로 떨어지도록 만든 것이다. 파팽은 피스톤이 아래로 떨어지는 힘을 이용하여 무거운 물체를 높이 들어 올리는 장치를 만들었다. 그러나 파팽의 증기 기관은 차갑게 식힌 실린더에 열을 가해 다시 물을 끓이는 데 시간이 많이 걸렸기 때문에 피스톤이 너무 천천히

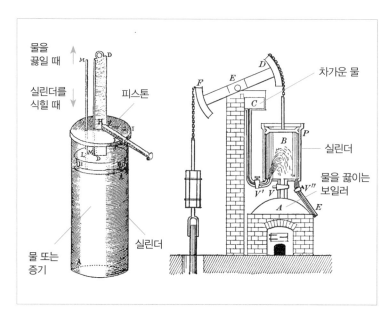

물을
끓일 때

실린더를
식힐 때

피스톤

물 또는
증기

실린더

차가운 물

실린더

물을 끓이는
보일러

● - 파팽의 열기관(왼쪽)과 뉴커먼의 열기관(오른쪽).

왕복했고, 따라서 실용적으로 쓸 수 없었다.

실제로 광산에서 사용된 증기 기관을 만든 사람은 영국의 토머스 뉴커먼Thomas Newcomen, 1663~1729이었다. 뉴커먼은 실린더에 물을 넣고 끓이는 대신, 외부에 있는 보일러에서 물을 끓여 발생시킨 수증기를 실린더로 불어 넣은 다음 차가운 물을 실린더에 넣어 수증기를 급속히 응결시켰다. 뉴커먼은 이런 방법으로 피스톤을 상하로 왕복하게 하고 여기에 물을 퍼내는 도구를 매달았다. 뉴커먼의 증기 기관은 탄광 배수 작업에 쓰였다. 당시 탄광에서 석탄을 캘 때 나오는 물을 퍼내는 일은 힘들고 시간도 많이 걸리는 골치 아픈 일이었다. 1712년 뉴커먼이 더들리 카슬에 있던 탄광에 설치한 증기 기관은 1분에 12회 왕복 운동을 하며 물을 퍼 올렸는데, 이는 말 다섯 마리가 하는 일과 비슷했다. 말 한 마리에 맞먹는 일을 하면 1마력이라고 하는데, 현재 1마력은 746W왓트, 즉 1초에 75kg의 물체를 약 1m 움직이는 정도의 일을 하는 걸 말한다. 뉴커먼의 증기 기관은 5마력짜리 증기 기관이었다.

금속 가공 기술이 발달하자 점차 더 큰 실린더를 만들 수 있게 되었고, 따라서 뉴커먼의 증기 기관도 점점 더 커졌다. 증기 기관의 성능도 크게 향상되었다. 뉴커먼의 증기 기관은 사람 20명과 말 50마리가 밤낮으로 쉬지 않고 일해도 1주일 걸려 퍼내야 했던 광산의 물을 단 두 명의 작업자가 48시간 만에 퍼낼 수 있도록 만들었다. 당시로서는 대성공이었다. 뉴커먼의 증기 기관은 유럽의 거의 모든 나라에 보급되었다.

뉴커먼의 증기 기관을 개량하여 오늘날 널리 사용되는 증기 기관을 발명한 사람은 영국의 제임스 와트James Watt, 1736~1819였다. 글래스고 대학 공작실에서 일하던 와트는 1763년 고장 난 뉴커먼의 증기 기관을 수리하다가 이를 개량해서 더 빠르게 작동하는 증기 기관을 만드는 데 성공했다. 와트는 수증기가 채워진 실린더에 찬물을 넣는 대신, 실린더 옆에 달린 콘덴서를 통해 뜨거운 수증기를 빼내는 방법으로 실린더를 식혔다. 따라서 실린더를 다시 데우지 않아도

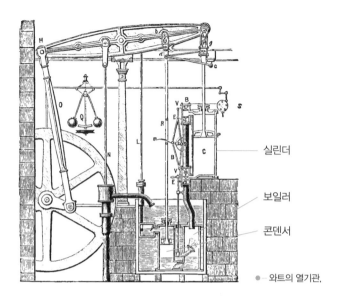

실린더

보일러

콘덴서

● 와트의 열기관.

되었기 때문에 훨씬 빠르게 작동할 수 있었다.

제임스 와트가 발명한 증기 기관은 산업 혁명의 원동력이 되었다. 증기 기관을 사용하기 전에는 물건을 옮기거나, 물건을 만들기 위해 기계를 돌리는 일을 모두 사람이나 동물의 힘으로 해야 했기 때문에 한꺼번에 많은 일을 할 수 없었다. 그러나 증기 기관을 이용하게 되자 많은 일을 쉽게 할 수 있었고, 한꺼번에 많은 물건을 만드는 대량 생산이 가능해졌다. 손으로 모든 것을 만드는 것을 수공업이라고 하고, 기계를 이용하여 많은 물건을 대량으로 생산해 내는 것을 기계 공업이라고 한다. 증기 기관의 발명으로 수공업은 기계 공업으로 바뀌게 되었다.

증기 기관차와 증기선의 등장

제임스 와트가 개량한 증기 기관은 광산에서 물을 퍼 올리는 데는 물론 옷감을 짜는 방직 기계를 돌리는 데도 사용되었고, 철공소 화로의 풀무를 움직이는 데도 사용되었다. 증기 기관이 이렇게 널리 쓰이자 증기 기관으로 움직이는 교통수단을 만들려는 사람들이 나타나기 시작했다.

와트의 증기 기관을 이용하여 철로 위를 달리는 실용적인 증기 기관차를 처음 만든 사람은 영국의 조지 스티븐슨George Stephenson, 1781~1848이었다. 스티븐슨 이전에도 증기 기관차를 만들려는 시도가 있었지만 속도가 매우 느렸고 힘이 약해 실용적이지 못했다. 스티븐슨이 증기 기관차에 관심을 가지고 연구를 시작한 것은 1814년 무렵부터였고, 그가 만든 증기 기관차가 철로 위를 처음 달린 것은 1825년이었다. 스티븐슨이 만든 증기 기관차는 90톤이나 되는 열차를 시속 16km의 빠르기로 달리게 할 수 있었다. 사람 150명의 몸무게와 맞먹는 무거운 기관차를 걷는 것보다 3배쯤 더 빨리 움직일 수 있었던 것이다. 요즘 기차와 비교하면 느림보였지만 당시로서는 대단한 발명이었다. 4년 뒤인 1829년에는 증기 기관차의 속도가 3배나 빨라졌다.

증기 기관의 발달은 해상 교통수단에도 혁명적인 변화를 가져왔다. 사람들은 오랫동안 사람의 힘이나 바람의 힘을 이용해 배를

● ─ 증기선이 그려진 19세기 삽화.

움직였다. 로마 시대의 해상 전투를 재현한 영화에는 큰 배의 갑판 아래에서 사슬에 묶인 노예들이 필사적으로 노를 젓는 모습이 자주 등장한다. 사람의 힘으로 큰 배를 움직이는 것은 너무 힘든 일이었고, 바람은 원하는 대로 불지 않았다. 따라서 증기 기관을 이용해 보려는 노력이 일찍부터 시작되었다.

많은 실패가 있은 뒤 1807년에 마침내 미국의 로버트 풀턴Robert Fulton, 1765~1815이 처음으로 실용적인 증기선을 만들어 강에서 운행하는 데 성공했다. 풀턴의 증기선은 240km 떨어져 있는 두 도시를

62시간에 왕복했다. 풀턴이 증기선을 만든 이후 증기선은 **빠르게** 보급되었다. 미국에서뿐만 아니라 유럽 여러 나라에서 증기선의 정기 항로가 열렸고, 1815년경에는 러시아에서도 운행되었다. 1818년, 미국의 사바나호가 대서양 횡단에 성공하면서 본격적인 증기선의 시대가 시작됐음을 알렸다.

열소설과 에너지설

열기관이 널리 사용되자 더 좋은 열기관을 만들기 위한 국가 간의 경쟁도 치열해졌다. 열을 과학적으로 연구하기 시작한 것도 더 좋은 열기관을 만들기 위해서였다.

열기관의 작동 원리를 이해하고자 고심하던 과학자들은 열이 눈에 보이지 않는 '열소'라는 물질의 화학 작용이라고 설명했다. 매운 고추를 먹었을 때 혀가 얼얼할 정도로 매운 맛을 느끼는 까닭은 고추 속에 들어 있는 화학 물질이 혀를 자극하기 때문이다. 이와 마찬가지로 뜨겁다고 느끼는 것도 열소라는 화학 물질이 우리 피부를 자극하기 때문이라는 것이다. 이처럼 열을 열소라는 물질의 화학 작용이라고 설명하는 이론이 '열소설'이다.

과학자들이 열소설을 주장한 것은 열기관이 작동하는 방법 때문이었다. 열기관이 작동하기 위해서는 실린더의 온도를 높여 물을

● — 양투안 라부아지에와 그의 부인 마리(자크 루이 다비드 Jacques Louis david 그림, 1788, 메트로 폴리탄 미술관 소장).

끓인 후에 찬물을 붓거나, 보일러에서 물을 끓여 만든 뜨거운 수증기를 실린더로 보냈다가 온도가 낮은 콘덴서 쪽으로 빼내야 했다. 열기관은 뜨거운 보일러와 차가운 콘덴서 사이에서 작동하는 것이 틀림없었다. 과학자들은 온도가 높은 보일러에 들어 있던 열소가 온도가 낮은 곳으로 흘러가면서 피스톤을 밀어낸다고 생각했다.

열소설을 받아들인 과학자 중에는 화학 발전에 크게 기여하여 근대 화학의 아버지라고 불리는 앙투안 라부아지에Antoine Laurent de Lavoisier, 1743~1794도 있었다. 열량계를 만들어 물체로 흘러들어 가고 나오는 열의 양을 측정하기도 했던 라부아지에는 1789년에 『화학 원론』이라는 책을 출판했다. 이 책에는 그때까지 발견된 원소들의 목록이 실려 있었는데 열소도 포함되었다. 그 후 한동안 많은 과학자들이 열소설을 받아들였다.

그러나 열은 물질이 아니라 에너지의 일종이라고 주장하는 사람들도 있었다. 이러한 이론을 '에너지설'이라고 한다. 미국에서 대포의 포신을 생산해 판매하는 사업가였던 럼퍼드Rumford, 1753~1814(본명은 벤저민 톰프슨Benjamin Thompson)는 에너지설의 지지자였다. 럼퍼드는 열소설이 옳다면 대포의 포신을 깎을 때 부스러기가 많이 나올수록 열이 더 많이 나와야 한다고 생각했다. 부스러기가 더 많이 나올수록 금속 사이에 잡혀 있던 열소가 더 많이 나올 것이기 때문이다. 그러나 날카로운 천공기는 더 많은 부스러기를 만들어 내면서도 둔한 천공기보다 적은 열을 발생시켰다. 이것은 열소설의 설명과는 맞지 않았다. 그는 또한 포신을 깎을 때 생긴 부스러기를 문지르면 열이 발생한다는 것도 발견했다. 열소가 다 달아나 버린 부스러기에서 열이 발생한 것은 열소설이 옳지 않다는 또 다른 증거였다. 열소를 가지고 있지 않을 것이라고 생각되는 얼음을 마찰시켰을 때 얼음이 녹는 것을 보고 열소설이 옳지 않다고 주장한 사람도 있었다.

하지만 대부분의 과학자들은 여전히 열소설을 선호했다. 열소설이 열기관의 작동을 더 잘 설명한다고 생각했기 때문이다. 열을 과학적으로 연구하기 시작한 프랑스의 카르노가 열소설을 바탕으로 열기관의 열효율 문제를 설명하려고 한 것도 같은 이유였다. 그러나 카르노는 에너지설을 주장하는 쪽에서 제시한 증거도 무시할 수 없었다. 그래서 열소설을 바탕으로 열기관의 효율을 설명했지만 에너지설에도 관심을 가졌던 것이다.

카르노 이후 에너지설을 주장하는 학자들이 계속 나타났다. 독일의 의사였던 마이어Viktor Meyer, 1848~1897는 우리 몸을 따뜻하게 유지하는 체온이 우리가 먹은 음식물의 화학 에너지에서 온 열이라면서,

근육이 움직이는 에너지도 음식물의 화학 에너지가 변한 것이라고 설명했다. 일, 열, 화학 에너지가 모두 서로 전환될 수 있는 에너지라고 주장한 것이다. 그러나 이런 내용을 담은 마이어의 논문은 실험적 연구가 빠져 있다는 이유로 출판이 거부되었다. 그러자 마이어는 스스로 출판 비용을 대서 논문을 출판했다. 얼마 후 독일의 과학자 헤르만 헬름홀츠Hermann von Helmholtz, 1821~1894는 열이나 일, 그리고 화학 에너지가 서로 전환될 수는 있지만 이들 에너지의 총량은 변하지 않는다는 에너지 보존 법칙을 제안했다.

이런 과학자들의 노력에도 불구하고 열도 에너지의 한 종류라는 에너지설은 널리 받아들여지지 않았다. 일이 열로, 그리고 열이 일로 전환된다는 결정적인 실험적 증거가 없었기 때문이었다.

줄의 실험과 에너지 보존 법칙

실험을 통해 일이 열로 전환된다는 것을 확실하게 밝혀내고, 열역학을 크게 발전시킨 사람은 영국의 제임스 줄James Prescott Joule, 1818~1889이었다. 줄은 마이어나 헬름홀츠의 주장을 받아들여 에너지의 총량은 변하지 않으며 형태만 달라진다고 생각했다. 그는 이러한 생각을 실험으로 확인하기 위해서 일과 열을 정밀하게 측정할 수 있는 장치를 고안했다.

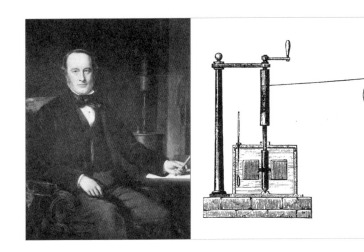

● ⸻ 제임스 줄과 그가 열의 일당량을 측정하는 데 사용한 실험 장치.

줄은 1840년에 저항에 전류가 흐를 때 발생하는 열을 정밀하게 측정했다. 그 결과, 일정한 시간 동안에 발생하는 열의 양은 저항과 전류의 제곱을 곱한 값에 비례한다는 것을 알아냈다. 이것은 전기 에너지가 열로 전환됐다는 뜻이었다. 그는 전류가 발생시키는 열량과 전류를 만들 때 필요한 일의 양을 비교하여, 열량과 일이 서로 비례한다는 것도 알아냈다. 1843년에는 물을 넣은 통 속에 날개를 단 전기 모터를 넣고 전기로 모터를 돌렸다. 줄은 날개가 돌아가면서 발생시킨 열량을 측정하고, 이것을 모터를 돌리는 데 사용한 전기 에너지와 비교했다.

이런 실험들을 통해 줄은 오늘날 우리가 '일의 열당량'이라고 부르는 것을 알아냈다. 일의 열당량은 1J줄의 일이 몇 cal칼로리의 열량에 해당하는지를 알려 주는 양이다.

J줄은 일의 단위이다. 1J은 1N뉴턴의 힘으로 1m를 움직였을 때 한 일의 양을 나타낸다. 1kg의 물체에 작용하는 중력은 약 9.8N이다. 따라서 1kg의 물체를 1m 들어 올리면 9.8J의 일을 한 것이다. 반면, 열량은 cal칼로리라는 단위로 나타낸다. 1cal는 물 1g의 온도를 1℃ 높이는 데 필요한 열량이다.

이처럼 일과 열량의 단위는 일과 열량이 서로 아무 관계가 없다고 생각했던 시대에 전혀 다른 방법으로 정해졌다. 그러나 열과 일이 모두 에너지이며, 서로 전환될 수 있다면 1J의 일이 몇 cal의 열량에 해당하는지 알아야 했다. 줄이 실험을 통해 이것을 밝혀낸 것이다. 줄이 밝혀낸 바로는 1cal의 열량은 4.2J과 같다. 이것을 열의 일당량이라고 한다. 반대로 1J의 일은 0.24cal의 열량과 같은데, 이것이 일의 열당량이다.

열도 에너지라는 것을 확실하게 밝혀낸 줄의 실험으로 열소설은 폐기되었고, 과학자들은 에너지설을 받아들이게 되었다. 에너지설에 의하면 일이 열로 바뀌거나 열이 일로 바뀌더라도 에너지의 양은 변하지 않는다. 다시 말해 에너지의 형태가 변하더라도 에너지의 총량은 변하지 않아야 한다. 이것을 '에너지 보존의 법칙'이라고 한다. 에너지 보존 법칙은 위치 에너지나 운동 에너지, 화학 에

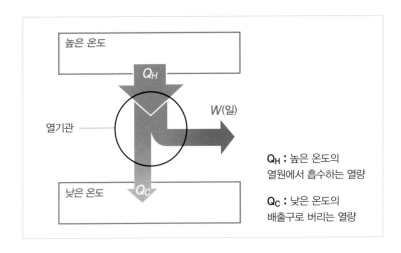

● 에너지설에 의한 열기관의 작동 원리.

너지, 전기 에너지, 핵에너지를 포함해 모든 에너지에 적용되는 일
반적인 법칙이다. 에너지 보존 법칙을 '열역학 제1법칙'이라고도
부른다.

　이제 과학자들은 열소설로 설명했던 열기관의 작동 원리를 에
너지설과 에너지 보존 법칙, 즉 열역학 제1법칙으로 설명해야 했다.
에너지설로 보면, 열기관은 열을 일로 바꾸는 장치이다. 따라서 열
기관은 온도가 높은 곳에서 열을 흡수해 그중 일부를 일로 바꾸고
나머지 열을 온도가 낮은 곳으로 버린다고 설명할 수 있다. 온도가
높은 곳에서 열기관이 흡수하는 열량을 Q_H, 열기관이 일로 전환한
에너지를 W, 온도가 낮은 곳으로 버리는 열량을 Q_C라고 하면 에너

지 보존 법칙에 의해 $Q_H = Q_C + W$라는 관계가 성립해야 한다.

그러나 과학자들은 곧 이런 설명만으로는 열기관의 작동을 모두 설명할 수 없다는 것을 알게 되었다. 열기관이 작동하는 동안에는 항상 어느 정도의 열량을 온도가 낮은 곳으로 버려야 했다. 그러나 에너지설만 보면 버리는 열량(Q_C)을 0으로 만들어 흡수한 열량을 모두 일로 바꾸는($Q_H = W$) 것도 가능하다. 에너지설만으로는 열효율이 100%인 열기관을 만들지 못하는 이유를 설명할 수 없었고, 열기관이 작동할 때 높은 온도와 낮은 온도가 필요한 이유도 알 수 없었다. 이 문제를 해결한 사람은 독일의 루돌프 클라우지우스Rudolf Julius Emanuel Clausius, 1822-1888였다.

엔트로피와 열역학 제2법칙

따뜻한 컵을 손으로 감싸면 손이 따뜻해지는 것처럼, 온도가 높은 물체와 온도가 낮은 물체가 접촉하면 온도가 높은 물체에서 온도가 낮은 물체로 열이 흘러가 두 물체의 온도가 같아진다. 열이 반대로 흘러가서 따뜻한 컵이 더 뜨거워지고 차가운 손이 더 차가워지는 일은 절대로 일어나지 않는다. 열은 왜 온도가 높은 곳에서 낮은 곳으로만 흘러가는 것일까?

온도가 높은 곳에서 온도가 낮은 곳으로 흘러갈 때 열의 양은 변하지 않는다. 온도가 높은 곳에 있던 100cal의 열은 온도가 낮은 곳으로 흘러가도 100cal이다. 이건 설사 열이 반대로 흐른다고 해도 마찬가지이다. 온도가 낮은 곳에 있는 100cal의 열이 온도가 높은 곳으로 흘러간다고 해도 에너지 보존 법칙에는 어긋나지 않는다. 따라서 열이 높은 온도에서 낮은 온도로 흘러가는 현상은 열역학 제1법칙인 에너지 보존 법칙으로는 설명할 수 없다.

열을 모두 일로 바꿔서 열효율 100%인 열기관을 만드는 것도 에너지 보존 법칙에는 어긋나지 않는다. 하지만 열기관이 작동할 때는 반드시 열의 일부를 온도가 낮은 곳으로 버려야 했기 때문에 열효율이 100%인 열기관은 만들 수 없었다. 그 이유가 뭘까? 이런 문제들을 해결하지 않고는 에너지설이 완전하다고 할 수 없었다. 과학자들이 이 문제를 해결하기 위해 고심하고 있을 때 독일의 클라우지우스가 뜻밖의 해결 방법을 제안했다.

클라우지우스는 1850년에 열이 온도가 높은 곳에서 온도가 낮은 곳으로만 흘러가는 것을 '열역학 제2법칙'으로 하자고 제안했다. 어떻게 보면 이것은 황당해 보이기까지 한 제안이었지만 매우 기발한 아이디어이기도 했다. 그러자 영국의 켈빈^{kelvin, 1824-1907}(본명은 윌리엄 톰슨^{William Thomson})은 열을 모두 일로 바꿀 수 없는 것도 열역학 제2법칙으로 하자고 제안했다. 이렇게 해서 열역학 제2법칙이 두 개가 되었다.

그러나 과학자들은 열이 온도가 높은 곳에서 온도가 낮은 곳으로만 흘러가면 열을 모두 일로 바꿀 수 없고, 반대로 열을 모두 일로 바꿀 수 있다면 열이 온도가 낮은 곳에서 온도가 높은 곳으로도 흘러갈 수 있다는 것을 증명했다. 전혀 다른 이야기처럼 보였던 클라우지우스와 켈빈의 열역학 제2법칙이 사실은 같은 내용이었던 것이다.

1865년 클라우지우스는 열역학 제2법칙을 좀 더 구체적으로 나타내기 위해 열량을 온도로 나눈 값을 '엔트로피'라고 부르자고 제안했다. 엔트로피를 이렇게 정의하면 열역학 제2법칙은 '외부에서 물질이나 열이 들어오거나 나가지 않는 한, 엔트로피가 감소하는 변화는 일어나지 않는다.'라고 고쳐 말할 수 있다. 다시 말해, 외부와 고립되어 있는 경우에는 엔트로피가 변하지 않거나 증가하는 변화만 일어날 수 있다. 이것을 '엔트로피 증가의 법칙'이라고 한다. 엔트로피 증가 법칙 역시 열역학 제2법칙의 또 다른 표현이다.

열역학 제2법칙의 여러 가지 표현

❶ 열은 항상 온도가 높은 곳에서 온도가 낮은 곳으로만 흐른다.

❷ 열을 100% 일로 바꿀 수는 없다.

❸ 외부와 고립되어 있는 경우 엔트로피는 감소할 수 없다.

엔트로피 증가 법칙을 이용하면 열이 온도가 높은 곳에서 낮은 곳으로만 흐르는 것과 열기관이 작동하기 위해서는 높은 온도와 낮

은 온도가 있어야 하는 것을 설명할 수 있다. 엔트로피는 열량을 온도로 나눈 값($\frac{열}{온}$)이므로 열량이 같아도 온도가 높은 곳에 있는 열보다 온도가 낮은 곳에 있는 열이 엔트로피가 크다. 따라서 열이 높은 온도에서 낮은 온도로 흘러가면 엔트로피가 증가한다. 그러나 반대로 온도가 낮은 곳에서 온도가 높은 곳으로 열이 흘러가면 엔트로피가 감소한다. 엔트로피 증가의 법칙에 따라 엔트로피는 감소할 수 없으므로 열은 온도가 낮은 곳에서 높은 곳으로는 흐를 수 없는 것이다.

또한, 엔트로피는 열량을 온도로 나눈 것이므로 온도가 높아지면 엔트로피가 작아지지만 온도가 아무리 높아도 0은 아니다. 그러나 일은 엔트로피가 0인 에너지이다. 따라서 일이 열로 바뀔 때는 엔트로피가 증가하므로 엔트로피 증가 법칙에 어긋나지 않지만, 열이 모두 일로 바뀌면 있던 엔트로피가 0이 되어 엔트로피가 감소하기 때문에 엔트로피 증가 법칙에 어긋난다. 그러므로 열을 모두 일로 바꾸는 것은 가능하지 않다. 하지만 열기관이 작동하는 동안 온도가 높은 곳에서 열을 받아 일부만 일로 바꾸고 일부는 온도가 낮은 곳으로 흘려보내 엔트로피를 증가시키면 전체적으로 엔트로피가 감소하지 않는다. 열기관이 엔트로피 증가 법칙에 어긋나지 않으면서도 열을 일로 바꿀 수 있는 것은 이 때문이다.

에너지 보존 법칙에 엔트로피 증가의 법칙이 더해지자 에너지설은 비로소 열기관의 작동 원리를 완전히 설명할 수 있게 되었다.

열기관의 열효율

열역학 제2법칙에 따라 열효율이 100%인 열기관을 만드는 것은 불가능하다. 그렇다면 열기관의 최대 효율은 얼마일까? 열기관에 엔트로피 증가의 법칙을 적용하여 분석해 보면 열기관의 최대 효율은 열기관이 작동하기 위해 필요한 높은 온도와 낮은 온도의 비에 의해 결정된다. 다시 말해, 높은 온도와 낮은 온도 차이가 크면 클수록 열효율의 최댓값 역시 커지고, 온도 차이가 작으면 작을수록 열효율의 최댓값도 작아진다.

카르노는 에너지설이 아니라 열소설을 이용하여 열기관의 작동을 분석했지만 놀랍게도 카르노의 연구 결과는 엔트로피 증가 법칙을 이용하여 분석한 결과와 같았다. 에너지설을 받아들인 후 대부분의 과학자들은 열소설로 열기관의 작동을 설명한 카르노의 논문을 무시했다. 하지만 열역학 제2법칙을 제안하기도 했던 켈빈은 카르노의 분석에 흥미를 느끼고 카르노의 논문을 많은 사람들에게 소개했다. 덕분에 카르노는 비록 틀린 이론으로 밝혀진 열소설에서 출발했음에도 불구하고 열에 대한 과학적 연구를 시작한 사람이라는 평가를 받을 수 있었다.

그 뒤 엔트로피는 통계적인 방법으로 새롭게 해석되어 자연에서 일어나는 변화의 방향을 나타내는 중요한 양이 되었다. 엔트로피 증가 법칙 또한 기본적인 가정으로부터 수학적으로 유도할 수 있었다. 열량을 온도로 나눈 값을 엔트로피라고 정하고, 엔트로피는 감소할 수 없다고 한 엔트로피 증가의 법칙이 왜 성립해야 하는지를 이론적으로 설명할 수 있게 된 것이다. 이에 따라 열기관의 작동을 설명하기 위해 억지로 도입한 것처럼 보였던 열역학 제2법칙은 과학적인 정당성을 가지게 되었다.

통계적으로 해석된 엔트로피는 열과 관련된 현상은 물론 입자들이 섞이는 현상, 길이나 부피가 변하는 현상, 복잡한 구조가 만들어지는 현상을 설명할 때도 중요하게 쓰인다. 그뿐 아니라, 우주의 진화 과정을 설명하는 데에도 이용되고 있다.

인류의 오랜 꿈, 영구 기관

"꿈은 이루어진다."는 말은 요즘 많은 사람들이 좋아하는 캐치프레이즈이다. 외부에서 에너지를 공급해 주지 않아도 계속해서 작동하는 장치인 영구 기관을 만드는 것은 인류의 오랜 꿈이었다. 많은 사람들이 이 꿈을 실현하기 위해 다양한 형태의 영구 기관을 고안했다.

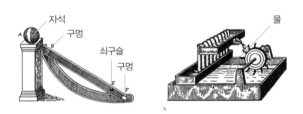

● 자석을 이용한 영구 기관(왼쪽)과 물을 이용한 영구 기관(오른쪽).

영구 기관을 만들려던 사람들이 가장 즐겨 사용한 재료는 자석이었다. 예를 들면, 자석의 힘으로 움직이는 자동차가 있다. 앞쪽에 철판이 달린 자동차를 강한 자석으로 끌어당겨 자동차가 계속해서 앞으로 나아가게 한다는 것이다. 위의 왼쪽 그림처럼 빗면을 굴러 떨어진 쇠구슬을 강한 자석으로 끌어올려 다시 구르도록 한다는 아이디어도 있었다.

물이 물체나 작은 관을 따라 위로 올라가는 현상을 이용한 영구 기관도 있었다. 물이 든 그릇 가장자리에 수건을 걸쳐 놓으면 물이 수건을 따라 올라와 바깥으로 흐르는 것을 볼 수 있는데, 많은 사람들이 이 현상을 이용하여 영구 기관을 만들려고 시도했다. 134쪽의 오른쪽 그림은 그런 장치 중 하나이다. 여러 개의 작은 관을 통해 물이 위로 올라오도록 한 다음 그 물을 모아 물레방아를 돌리고 다시 관을 통해 물을 위로 올려 보내는 것이다.

● 영구 기관에 관한 레오나르도 다빈치의 메모.

가장 유명한 영구 기관은 화가이자 발명가였던 레오나르도 다빈치가 고안했던 것이다. 바람개비처럼 생긴 날개와 구슬을 이용한 이 영구 기관에서는 날개가 위로 올라갈 때는 구슬이 중심 쪽으로 굴러 들어오고, 내려올 때는 바깥쪽으로 굴러 나간다. 중심에서 멀리 있는 구슬이 더 효과적으로 날개를 돌릴 수 있으므로 계속해서 돌아갈 거라고 생각한 것이다.

그러나 사람들이 고안했던 모든 영구 기관은 실제로 작동하지 않았다. 열역학 법칙에 위배되기 때문이었다. 에너지 보존 법칙인 열역학 제1법칙과 엔트로피 증가 법칙인 열역학 제2법칙은 모든 꿈이 다 이루어지는 건 아니라는 것을 보여 주고 있다. 꿈이 이루어지도록 하기 위해서는 자연법칙에 어긋나지 않는 꿈을 꾸어야 한다.

원소론

$\oplus$

6장

**물질을 이루는 가장 작은
알갱이가 있을까?**

$\ominus$

원자론

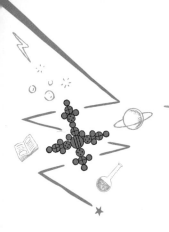

카를스루에의 칸니차로

1860년 9월 3일부터 5일까지 3일간 독일의 도시 카를스루에에서 제1회 세계 화학 학회가 개최되었다. 혼란을 겪고 있는 원자량과 분자량의 문제를 의논하기 위해서 소집된 학회였다. 영국의 존 돌턴이 약 50년 전에 원자론을 제안했지만 아직도 과학자들은 원자들의 질량(원자량)과 분자식을 결정하는 방법을 알지 못하고 있었다. 어떤 경우에는 똑같은 분자에 대해 20개가 넘는 서로 다른 분자식이 사용되고 있을 정도였다. 이런 혼란을 해결하지 않으면 원자론은 제자리를 잡을 수 없었다.

카를스루에에 모인 화학자들은 이 문제에 대해 집중적으로 토론했지만, 뚜렷한 해결책이 보이지 않았다. 분자식을 결정하기 위해서는 어떤 원자들이 몇 개씩 결합하여 분자를 만드는지를 알아야 하는데 분자에 포함된 원자의 개수를 어떻게 세야 할지 알 수가 없었다. 예를 들면 물이 산소와 수소로 이루어졌다는 것은 실험을 통해 알아냈지만, 물 분자에 몇 개의 수소 원자와 몇 개의 산소 원자가 들어 있는지 알 수 있는 방법을 몰랐던 것이다. 따라서 학자들 중에는 모든 물질이 더 이상 쪼갤 수 없는 가장 작은 알갱이인 원자로 이루어졌다는 원자설을 받아들일 수 없다고 생각하는 사람들도 있었다.

학회 마지막 날, 이탈리아의 화학자 스타니슬라오 칸니차로Stanislao Cannizzaro, 1826~1910가 예고도 없이 강단에 올랐다. "우리 화학계는 현재 큰 어려움을 겪고 있습니다. 분자의 구조를 설명하지 않고는 화학의 발전을 기대할 수 없습니다. 지난 며칠 동안 우리는 이 문제에 대해 토론했지만 아직 해결 방법을 찾아내지 못

● ─ 스타니슬라오 칸니차로.

했습니다. 그러나 어쩌면 이 문제를 생각보다 쉽게 해결할 수 있을지도 모릅니다. 오래전에 아보가드로가 했던 제안을 받아들이기만 하면 됩니다. 모두들 아보가드로의 주장을 심각하게 검토해 주시기 바랍니다."

말을 마친 칸니차로는 자신이 전에 썼던 아보가드로의 가설에 관한 논문의 복사본을 참석자들에게 나누어 주면서 아보가드로의 가설을 받아들이도록 설득했다. 그러나 참석자들 대부분은 칸니차로의 주장을 선뜻 받아들이려 하지 않았고, 학회는 별 소득 없이 끝났다. 하지만 시간이 지나면서 그 자리에 있던 과학자들 중에 칸니차로의 주장이 설득력 있다고 생각하는 사람들이 점점 늘어났다. 이후 과학자들은 아보가드로의 가설을 바탕으로 원자량과 분자식을 알아낼 수 있었고, 마침내 원자론이 분자의

구조와 화학 반응을 설명하는 이론으로 자리를 잡게 되었다.

돌턴이 원자론을 제안했다는 것은 잘 알려져 있다. 그러나 돌턴이 제안한 원자론이 받아들여지는 데 50년 이상의 긴 세월이 걸렸다는 사실을 아는 사람은 많지 않다. 이는 원자론을 받아들이는 것이 생각보다 어려운 일이었다는 것을 말해 준다. 과학자들이 원자론을 쉽게 받아들이지 못한 것은 무엇 때문이었을까? 그리고 원자론이 탄탄하게 자리 잡는 데에 중요한 계기가 된 아보가드로의 가설은 무엇일까? 원자는 더 쪼개질 수 없다는 원자론의 주장은 과연 맞을까?

고대의 원소론

고대 그리스인들은 세상을 이루고 있는 모든 물질이 물, 불, 흙, 공기의 네 가지 원소와 뜨거움, 차가움, 젖음, 마름이라는 네 가지 성질로 이루어졌다고 생각했다. 네 가지 원소가 조금씩 다른 비율로 섞여서 세상을 이루는 모든 물질을 만든다는 것이다. 이런 생각을 4원소론이라고 한다. 4원소론은 2000년이 넘

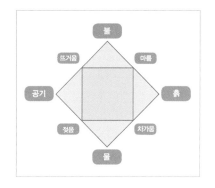

● 고대 그리스의 4원소론.

는 오랜 시간 동안 물질의 구성을 설명하는 기본 이론이었다.

1700년대가 되면서 과학자들은 4원소론에 의문을 갖기 시작했다. 1700년대에 이루어진 새로운 발견들은 4원소론에서 4라는 숫자에 의문을 가지게 하기에 충분했다. 물질을 이루는 네 가지 원소 중 하나라고 생각했던 공기가 다른 성질을 가진 여러 가지 성분으로 구성되어 있다는 것이 밝혀졌기 때문이다. 흙에서는 오래전부터 다양한 물질이 분리되어 있었지만 그것이 4원소론을 심하게 흔들지는 못했다. 흙에서 분리해 낸 여러 가지 물질도 네 가지 원소들로 이루어져 있다고 설명할 수 있었기 때문이다. 그러나 공기에서 여러 가지 다른 성분의 공기가 분리되자 4원소론의 4라는 숫자를 더

이상 지키기 어렵게 되었다.

스코틀랜드의 의사였던 조지프 블랙Joseph Black, 1728-1799이 공기와 전혀 다른 성질의 기체인 이산화탄소를 발견했고, 영국의 헨리 캐번디시Henry Cavendish, 1731-1810는 공기에서 수소를 분리해 내는 데 성공했다. 그리고 1770년대에 영국의 조지프 프리스틀리Joseph Priestley, 1733-1804는 산소를 발견했다. 1700년대에 새로운 기체를 발견한 과학자들은 자신이 발견한 기체의 성질과 이들이 화학 반응에서 어떤 일을 하는지에 대해서는 잘 이해하지 못하고 있었다. 하지만 하나의 원소라고 생각했던 공기가 실제로는 여러 가지 다른 성분의 기체들로 이루어졌다는 것은 확실해졌다. 따라서 4원소론에서 4는 의미없는 숫자가 되었다.

● — 라부아지에의 책 『화학 원론』에 실린 원소표.

한편, 1700년대에는 물질이 불에 타는 연소와 철이 녹스는 것과 같은 산화를 어떻게 설명하느냐가 화학자들의 가장 큰 관심사였는데, 프랑스의 앙투안 라부아지에가 이 문제를 해결했다. 라부아지에는 프리스틀리가 산소를 발견한 이야기를 전해 듣고 여러 가지 실험을 통해 연소와 산화는 모두 물질이 산소와 결합하는 화학 반응이라는 것을 밝혀냈다. 그는 1789년에 출간한 『화학 원론』에 그때까지 알려진 33개의 원소들을 정리한 원소표를 실었다. 33개의 원소에는 빛 입자나 열소도 포함되어 있었으며, 후에 단일 원소가 아니라 화합물로 밝혀진 물질들도 포함되어 있었다. 하지만 어찌되었든 이로써 세상을 이루는 모든 물질이 네 가지 원소로 이루어졌다는 4원소론은 더 이상 설 자리를 잃게 되었다. 그러나 원소론이 모두 부정된 것은 아니었다.

원소론을 위협한 여러 가지 현상들

원소론이 원자론으로 바뀌는 과정을 이해하기 위해서는 먼저 원소론과 원자론이 어떻게 다른지 알아야 한다. 원소론과 원자론의 가장 큰 차이는 물질을 연속적인 것으로 보느냐 아니면 불연속적인 것으로 보느냐 하는 것이다. 원소론에서 물질을 이루는 원소는 얼마든지 적은 양으로 나눌 수 있다. 따라서 원소들을 어떤 비율로도 섞을 수 있고, 다양한 비율로 섞어서 새로운 물질을 만드는 것도 가능하다고 생각했다. 그러나 원자론에서는 물질이 더 이상 쪼개지지 않는 가장 작은 알갱이인 원자로 이루어져 있다고 주장했다. 더 이상 쪼개지지 않는 알갱이인 원자들이 결합하여 물질의 분자를 만들 때는 원자 하나와 다른 원자 하나 또는 둘이 결합해야 한다. 따라서 두 가지 원소가 아무 비율로나 결합할 수 없고, 정해진 비율로만 결합한다. 물질이 작은 알갱이로 되어 있느냐 아니면 얼마든지 작게 나눌 수 있느냐에 따라 물질 사이에 일어나는 화학 반응은 크게 달라진다.

돈으로 물건을 사고파는 경우를 생각해 보자. 돈에는 최소 단위가 있다. 현재 우리가 사용하는 가장 작은 돈의 단위는 10원이기 때문에 모든 물건 값은 10원의 배수로 매겨야 한다. 따라서 사람 사이의 모든 거래는 10원의 배수로 이루어질 수밖에 없다. 그러나 만약 우리가 물건을 사고팔 때 돈이 아니라 밀가루를 이용하여 거래한다면 어떻게 될까? 물건 값을 훨씬 다양하게 매길 수 있고, 거래할 때마다 조금씩 다른 값을 치르게 될 것이다. 밀가루의 무게를 재거나 부피를 재서 거래를 한다고 해도 거래할 때마다 어쩔 수 없이 오차가 생겨 조금씩 다른 양을 주고받을 것이기 때문이다. 그렇게 되면 사람들 사이의 거래 방식이 전혀 달라질 것이다. 이와 마찬가지로, 물질이 연속적이라고 생각한 원소론과 더 이상 쪼개지지 않는 알갱이로 이루어졌다는 원자론은 물질 사이의 화학 반응을 전혀 다른 방법으로 설명한다. 따라서 원소론이 원자론으로 바뀐 것은 물질 세계를 이해하는 방법을 근본적으로 바꾸어 놓는 중요한 전환이었다. 그럼 원소론이 원자론으로 바뀌게 된 까닭은 무엇이었을까?

고대의 4원소론에서 4라는 숫자가 사라지는 과정에 대해서는 앞에서 설명했다. 그런데 4라는 숫자를 버리자마자 곧 원소론 자체를 곤란하게 만드는 새로운 사실들이 발견되기 시작했다.

1799년에 프랑스의 조제프 프루스트Joseph-Louis Proust, 1754-1826가 발

견한 '일정 성분비 법칙'과 같은 것들이 그런 것이었다. 프루스트는 자연에 존재하는 탄산구리(공작석)와 실험실에서 화학 반응을 통해 만든 탄산구리의 성분을 조사하여 두 가지 탄산구리 안에 존재하는 탄소와 산소 그리고 구리의 비가 정확하게 같다는 것을 알아냈다. 같은 화합물을 구성하는 원소의 성분비는 항상 같다는 것이 일정 성분비 법칙이다. 탄산구리의 성분이 모두 같다는 것은 어찌 보면 너무나 당연한 이야기처럼 들린다. 그러나 이것은 원소론으로는 설명할 수 없는 일이었다. 만약 탄산구리를 이루는 원소들이 얼마든지 작게 나누어지는 연속적인 것이라면 구리와 탄소 그리고 산소를 섞어 탄산구리를 만들 때 구리와 탄소, 그리고 산소를 정확하게 같은 비율로 섞는 것은 쉬운 일이 아니다. 요즘처럼 정밀한 저울을 가지고도 항상 정확하게 같은 비율로 섞어 화합물을 만들 수는 없을 것이다. 더구나 자연의 다양한 환경에서 만들어진 탄산구리의 성분이 모두 똑같다는 것은 원소론으로는 설명하기 어려웠다.

화학자들은 또한 원소들이 화학 반응을 할 때 서로 반응하는 양들이 일정한 비율을 이룬다는 것도 발견했다. 예를 들어 산소와 수소가 반응하여 물이 될 때 화학 반응에 참여하는 수소와 산소의 질량의 비는 항상 1:8이고, 탄소와 산소가 반응하여 이산화탄소를 만들 때 탄소와 산소의 질량비는 항상 1:3이었다. 원소들이 이렇게 일정한 비율로만 결합하는 것 역시 원소론으로는 설명할 수 없었다.

1803년에 존 돌턴^{John Dalton, 1766-1844}이 발견한 배수비례의 법칙은

원소론에 결정타를 날렸다. 배수비례의 법칙은 두 종류의 원소가 결합하여 여러 종류의 화합물을 만들 때, 한 원소의 일정한 양과 결합하는 다른 원소의 양이 정수비를 이룬다는 것이다. 질소와 산소가 결합하여 만들어지는 여러 가지 화합물을 예로 들어 보면 배수비례의 법칙을 쉽게 이해할 수 있다. 질소와 산소는 일산화이질소(아산화질소, N_2O), 일산화질소(NO), 이산화질소(과산화질소, NO_2)와 같은 여러 가지 질소 산화물을 만든다. 이때 일정량의 질소와 결합하는 산소의 양은 1:2:4의 정수비를 이룬다. 탄소와 산소가 결합하여 만들어지는 일산화탄소(CO), 이산화탄소(CO_2)의 경우에도 일정한 양의 탄소와 결합하는 산소의 양은 정확하게 1:2이다. 원소를 얼마든지 적은 양으로 나눌 수 있다면 탄소와 결합하는 산소의 양은 0.6이나 1.9와 같은 어떤 값이라도 가능하다. 따라서 원소론으로는 배수비례의 법칙을 설명할 수 없었다. 이러한 현상들을 설명할 수 있는 새로운 이론이 필요해진 것이다.

원자론의 등장

물질이 더 이상 쪼개지지 않는 작은 알갱이인 원자로 이루어졌다는 원자론은 1800년대 초에 처음 등장한 것이 아니었다. 고대 그리스에도 이와 비슷한 생각이 있었다. 고대 그리스에서 기원전 400

년경에 활동했던 데모크리토스Demokritos는 세상이 원자와 진공으로 이루어져 있으며 원자는 새로 만들거나 파괴할 수 없고 더 이상 쪼갤 수도 없다고 했다. 그는 세상을 이루고 있는 물질은 물론 인간의 영혼도 원자로 이루어졌다고 주장했다. 그러나 데모크리토스의 주장은 고대 과학을 확립하는 데 크게 기여한 아리스토텔레스가 받아들이지 않았기 때문에 오랫동안 사람들의 관심을 끌지 못했다.

원소론으로는 설명할 수 없는 여러 가지 현상들을 설명하기 위해 근대적인 원자론을 제안한 사람은 영국의 존 돌턴이었다. 화학자 겸 기상학자였으며 물리학자이기도 했던 돌턴은 열두 살에 수학과 과학을 가르치는 선생님이 되었다. 여러 가지 화학 실험을 직접해 보면서 배수비례의 법칙을 발견한 돌턴은 물질이 더 이상 쪼갤 수 없는 알갱이인 원자로 이루어졌다는 생각을 담은 최초의 논문을 1803년 10월에 발표했다. 1806년에 출판된 책에도 그런 내용이 포함되어 있었다. 돌턴은 1808년에 발간된 『화학의 새로운 체계』에 원자론에 대한 더 자세한 내용을 실었다. 이 책에서 돌턴은 모든 물질을 이루는 가장 작은 입자를 가리키는 원자atom라는 말을 처음으로 사용했다. 'atom'은 '쪼개지지 않는 알갱이'라는 뜻의 그리스어에서 따온 말이다.

원자론을 이용하면 원소론으로는 설명할 수 없었던 현상들을 쉽게 설명할 수 있었다. 일정 성분비 법칙은 항상 같은 개수의 원자들이 결합하여 화합물을 만들기 때문이라고 설명하면 되었고, 화학

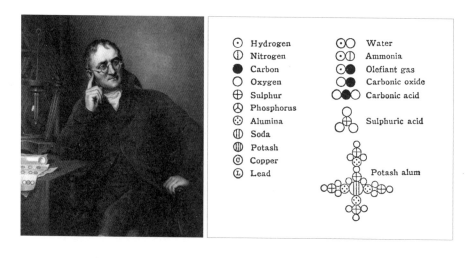

<table>
<tr><td>⊙</td><td>Hydrogen</td><td>⊙⊙</td><td>Water</td></tr>
<tr><td>①</td><td>Nitrogen</td><td>⊙①</td><td>Ammonia</td></tr>
<tr><td>●</td><td>Carbon</td><td>⊙●</td><td>Olefiant gas</td></tr>
<tr><td>○</td><td>Oxygen</td><td>●○</td><td>Carbonic oxide</td></tr>
<tr><td>⊕</td><td>Sulphur</td><td>○●○</td><td>Carbonic acid</td></tr>
<tr><td>⊗</td><td>Phosphorus</td><td></td><td></td></tr>
<tr><td>⊙</td><td>Alumina</td><td></td><td>Sulphuric acid</td></tr>
<tr><td>①</td><td>Soda</td><td></td><td></td></tr>
<tr><td>⑪</td><td>Potash</td><td></td><td></td></tr>
<tr><td>ⓒ</td><td>Copper</td><td></td><td>Potash alum</td></tr>
<tr><td>Ⓛ</td><td>Lead</td><td></td><td></td></tr>
</table>

● 존 돌턴과 그가 만든 원소표. 원소표 왼쪽에는 수소, 질소, 탄소, 산소 등의 원소를, 오른쪽에는 물, 암모니아, 탄화수소, 에틸렌 등의 화합물을 원소 기호로 나타냈다.

반응에 참여하는 물질의 질량비가 일정한 것 역시 같은 원자끼리는 질량이 같으므로 결합하는 원자들의 수가 항상 일정하기 때문이라고 설명할 수 있었다. 배수비례의 법칙도 비슷한 방법으로 쉽게 설명할 수 있었다. 질소와 산소가 여러 가지 다른 방법으로 결합하는 경우, 하나의 질소 원자와 결합하는 산소 원자의 수는 하나 아니면 두 개, 또는 세 개나 네 개가 되어야 한다. 이렇게 되면 질소의 일정한 양과 결합하는 산소의 양은 정수 배를 이룰 수밖에 없다.

돌턴이 제안한 원자론은 원소론으로는 설명할 수 없었던 현상들을 설명하는 데는 성공했지만 화학 반응을 제대로 설명하는 데는 한계가 있었다. 돌턴이 출판한 『화학의 새로운 체계』 첫 페이지에는 20가지 원소와 이 원소들로 이루어진 화합물 17개가 포함된 표가 실려 있었다. 이 표에는 원소들이 기호로 표시되어 있고, 이 기호들을 이용하여 화합물의 조성을 나타냈다. 그러나 이 표에 실려 있는 화합물의 조성은 오늘날 우리가 알고 있는 것들과는 다르다. 돌턴의 원자론만으로는 화합물의 조성을 결정하는 것이 가능하지 않았다는 것을 알 수 있다. 화학 반응에 참여하는 물질의 무게를 측정할 수는 있었지만, 그 안에 몇 개의 원자가 들어 있는지 알 수 있는 방법이 없었기 때문이다.

예를 들면, 물을 이루고 있는 수소와 산소의 질량을 측정해 보니 수소는 2g, 산소는 16g이었다고 해 보자. 하지만 2g 안에 수소 원자가 몇 개 들어 있는지, 16g 안에 산소 원자가 몇 개 들어 있는지 모르는 한 수소 원자와 산소 원자 한 개의 질량을 알 수 없고, 수소 원자 몇 개와 산소 원자 몇 개가 결합하여 물 분자가 되는지도 알 수 없다. 화학 반응에 참여하는 원자들의 개수를 알지 못하면 원자 하나의 질량을 알 수 없고, 화합물에 몇 개의 원자들이 포함되어 있는지도 알 수 없는 것이다. 그러므로 원자론은 화학 반응을 설명하는 데 그다지 도움이 되지 못했다. 원자론이 좀 더 쓸모 있는 이론이 되기 위해서는 원자의 개수를 셀 수 있는 방법을 알아야 했다.

원자의 개수를 세다

원자는 너무 작아서 눈으로 볼 수 없다. 따라서 어떤 분자가 몇 개의 원자로 이루어져 있는지를 알아내는 것은 쉬운 일이 아니다. 그러나 화학 반응에 참가하는 원자 수의 비율을 정하는 방법은 의외로 빨리 제시되었다. 원자론이 발표되고 3년 뒤인 1811년에 이탈리아의 아메데오 아보가드로Amedeo Avogadro, 1776-1856가 '아보가드로의 가설'을 제안한 것이다.

아보가드로 이전에 이미 두 종류의 기체가 반응하는 경우 두 기체의 질량뿐만 아니라 부피도 간단한 정수비를 이룬다는 것이 알려져 있었다. 예를 들면, 수소와 산소가 반응하여 물을 만들 때 수소와 산소의 질량비는 항상 1:8이고, 부피의 비는 2:1이었다. 여러 가지 다른 기체들 사이의 화학 반응을 조사한 화학자들은 1809년에 화학 반응에 참여하는 기체의 부피 비가 항상 일정하다고 발표했다.

이런 발견을 기초로 아보가드로는 크기가 다른 원자나 분자라도 같은 온도, 같은 압력, 같은 부피에 들어 있는 알갱이의 수는 같다는 가설을 발표했다. 아보가드로의 가설이 맞다면 화학 반응에 참가하는 원자 수의 비율은 부피의 비와 같을 것이다. 그러나 아보가드로의 가설은 널리 받아들여지지 않았다. 같은 부피 속에 크기가 작은 원자나 크기가 큰 원자나 똑같은 수로 들어 있다는 것을 쉽게 납득할 수 없었기 때문이다. 상식적으로 생각할 때, 부피가 같다면 큰 원자의 수가 작은 원자의 수보다 적어야 한다. 이것은 같은 부피 속에 들어 있는 밤의 수가 콩의 수보다 적은 것과 같은 이치이다.

하지만 이런 생각은 기체의 부피를 잘못 이해한 결과이다. 고체나 액체의 경우에는 고체나 액체를 이루는 원자들이 실제로 차지하는 부피를 합한 것이 전체 부피의 대부분이다. 그러나 기체는 원자나 분자들이 서로 멀리 떨어져 있기 때문에 전체 부피에서 실제 기체 원자나 분자들이 차지하는 부피는 무시할 수 있을 정도로 작다. 기체의 경우 부피의 대부분은 텅 빈 공간이다. 이 공간 안에서 기체 알갱이들(원자나 분자)은 매우 빠르게 운동하고 있다.

온도가 높을수록 기체 알갱이들은 더 빠르게 움직인다. 운동하는 기체 알갱이들이 벽에 충돌하면서 힘을 가하는 것이 바로 압력이다. 그런데 온도가 같을 경우, 기체 알갱이의 종류에 상관없이 알갱이 하나가 벽에 가하는 힘은 같다. 같은 온도라도 질량이 작으면 질량이 큰 알갱이보다 더 빨리 움직이지만, 속도가 줄어드는 대신 질량이 크기 때문에 운동 에너지는 똑같다. 따라서 온도만 같으면 어떤 알갱이든 똑같은 에너지로 벽과 충돌하고, 벽에 가하는 힘도 똑같다. 그러므로 온도가 같고 전체 압력이 같으려면 벽에 충돌하는 알갱이 수도 같아야 한다. 아보가드로의 말처럼 같은 온도 같은 압력에서는 원자나 분자의 크기에 관계없이 항상 같은 수의 알갱이가 들어 있는 것이다. 그러나 1800년대 초에는 이런 사실을 알지 못했기 때문에 아보가드로의 가설을 쉽게 받아들일 수 없었다.

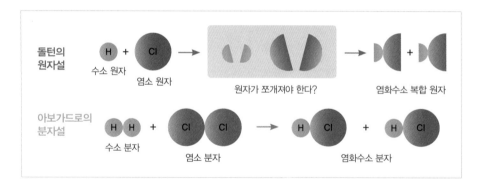

돌턴의
원자설

수소 원자

염소 원자

원자가 쪼개져야 한다?

염화수소 복합 원자

아보가드로의
분자설

수소 분자

염소 분자

염화수소 분자

● 돌턴의 원자론으로는 설명할 수 없었던 염화수소를 만드는 반응을 아보가드로의 가설을 받아들이면 설명할 수 있다.

    게다가 아보가드로의 가설을 받아들이기 어렵게 하는 또 다른 문제가 있었다. 그것은 수소 1부피와 염소 1부피가 결합하여 2부피의 염화수소를 만드는 화학 반응이었다. 아보가드로의 가설이 옳다면 수소 1부피와 염소 1부피가 결합하는 것은 화학 반응에 참여하는 수소와 염소의 수가 같다는 것을 의미하므로 염화수소 1부피가 만들어져야 한다. 수소 원자 10개와 염소 원자 10개가 결합하면 10개의 염화수소 분자가 만들어져야 하기 때문이다. 그러나 실제로 실험을 해 보면 1부피의 수소와 1부피의 염소가 반응할 때 2부피의 염화수소가 만들어졌다. 그것은 수소 원자 10개와 염소 원자 10개가 결합하여 염화수소 분자 20개가 만들어졌다는 것을 뜻했다. 이것을 설명하기 위해 아보가드로는 수소와 염소가 각각 2개의 원자

로 이루어진 2원자 분자라고 주장했지만, 당시에는 같은 원자끼리
는 서로 밀어낸다고 생각했기 때문에 아보가드로의 설명은 받아들
여지지 않았다.

이런 이유들로 1860년까지는 원자론이 화학에서 그다지 중요
한 역할을 하지 못했고, 화학은 많은 혼란을 겪어야 했다. 당시 많은
화학자들은 저마다 나름대로의 화학식을 만들어 사용했다. 이 시기
에 출판된 교과서에 초산^{CH_3COOH}의 화학식이 무려 19종류나 기록되
어 있는 걸 보면 그 혼란이 어느 정도였는지를 짐작할 수 있다.

1860년 9월 3일에 카를스루에서 개최된 제1차 국제 화학 학
회는 이런 혼란을 해결하기 위한 것이었다. 이 회의에서 칸니차로
는 아보가드로의 가설을 받아들이도록 설득하는 한편, 수소 기체의
분자는 수소 원자 2개로 이루어진 이원자 분자라고 설명했다. 같은
원자끼리는 서로 밀어내기 때문에 2개의 수소 원자가 결합하여 분
자를 만들 수 없다고 했던 생각이 틀렸다고 주장한 것이다. 과학자
들은 칸니차로의 주장을 받아들이면 수소와 산소가 결합하여 물을
만드는 화학 반응을 다음과 같은 식으로 나타낼 수 있다는 것을 알
게 되었다.

$$2H_2 + O_2 \rightarrow 2H_2O$$

이 식은 2부피의 수소와 1부피의 산소가 반응하여 2부피의 수증

기를 만든다는 것을 보여 준다. 반응이 일어날 때는 수소 분자 2개가 수소 원자 4개로, 산소 분자 하나가 산소 원자 2개로 갈라진 다음, 2개의 수소 원자와 하나의 산소 원자가 결합한 물 분자 2개가 만들어진다. 이제 수소와 산소, 그리고 수증기(물)의 무게를 측정하기만 하면 수소와 산소의 원자량과 물 분자의 분자량을 결정할 수 있었다. 이런 방법으로 여러 원소의 원자량과 분자들의 조성이 밝혀지자 분자 구조를 이해할 수 있게 되었다. 원자론이 원소론을 밀어내고 새로운 물질 이론으로 자리 잡게 된 것이다.

그러나 현대 과학에서도 원소라는 말을 사용하고 있다. 단, 이때 원소는 고대 과학에서 이야기했던 얼마든지 작게 쪼갤 수 있는 원소가 아니라, 원자의 종류를 뜻한다. 그러니까 알갱이 하나하나는 원자이고, 원자의 종류는 원소이다. 따라서 원자 기호라고 하지 않고 원소 기호라고 하며, 원소의 구조가 아니라 원자의 구조가 맞는 말이다. 또, 물은 수소와 산소 두 가지 원소로 이루어져 있지만, 물 분자 하나는 수소 원자 2개와 산소 원자 1개, 모두 3개의 원자로 이루어져 있다.

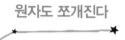

원자도 쪼개진다

원자는 더 이상 쪼개지지 않는 가장 작은 알갱이라는 원자론의 주장은 아직도 사실일까? 원자론이 본격적으로 받아들여지던 1860년대에 이미 원자가 가장 작은 알갱이가 아닐지도 모른다는 증거들이 나타나기 시작했다. 1850년대부터 학자들은 원소를 불에 태우면 고유한 스펙트럼의 빛이 나오는 현상을 연구했다. 독일의 로베르트 분젠Robert Wilhelm Bunsen, 1811-1899과 구스타프 키르히호프Gustav Robert Kirchhoff, 1824-1887는 그때까지 발견된 원소들이 내는 스펙트럼의 목록을

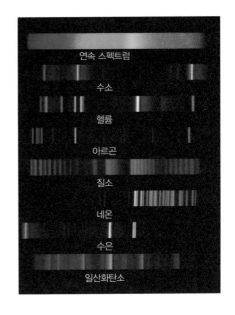

● 원소가 내는 고유한 스펙트럼.

만들었다. 돌턴이 제안한 원자론에 따르면, 다른 종류의 원자들은 크기와 무게만 달랐다. 크기와 무게만 다른 원자들이 전혀 다른 스펙트럼의 빛을 내는 까닭이 무엇일까? 원자마다 보이는 고유한 스펙트럼은 원자가 더 작은 알갱이들로 이루어졌을지 모른다는 의심을 갖기에 충분했다.

원자가 복잡한 구조를 가지고 있을지도 모른다는 또 다른 증거는 1860년대에 발견된 주기율표였다. 원소들의 성질을 많이 알게 된 과학자들은 원소들의 성질에서 규칙성을 찾기 시작했다. 과학은

Reihen	Gruppo I. — R'O	Gruppo II. — RO	Gruppo III. — R'O'	Gruppo IV. RH' R'O'	Gruppo V. RH' R'O'	Gruppo VI. RH' RO'	Gruppo VII. RH R'O'	Gruppo VIII. — RO'
1	H=1							
2	Li=7	Be=9,4	B=11	C=12	N=14	O=16	F=19	
3	Na=23	Mg=24	Al=27,3	Si=28	P=31	S=32	Cl=35,5	
4	K=39	Ca=40	—=44	Ti=48	V=51	Cr=52	Mn=55	Fe=56, Co=59, Ni=59, Cu=63.
5	(Cu=63)	Zn=65	—=68	—=72	As=75	Se=78	Br=80	
6	Rb=85	Sr=87	?Yt=88	Zr=90	Nb=94	Mo=96	—=100	Ru=104, Rh=104, Pd=106, Ag=108.
7	(Ag=108)	Cd=112	In=113	Sn=118	Sb=122	Te=125	J=127	
8	Cs=133	Ba=137	?Di=138	?Ce=140	—	—		
9	(—)							
10	—	—	?Er=178	?La=180	Ta=182	W=184		Os=195, Ir=197, Pt=198, Au=199.
11	(Au=199)	Hg=200	Tl=204	Pb=207	Bi=208			
12	—	—		Th=231		U=240		—

● 멘델레예프와 그가 만든 초기의 주기율표. 주기율표에 아직 발견되지 않은 원소들을 위한 빈자리가 있다.

자연에 내재되어 있는 규칙성을 찾아내는 것이라고 할 수 있으므로 원소가 가진 규칙성을 찾으려는 노력이 시작된 것은 당연한 일이었다. 과학자들의 노력은 주기율표의 발견으로 이어졌다.

주기율표를 만든 사람은 러시아의 드미트리 멘델레예프Dmitri Mendeleev, 1834~1907였다. 멘델레예프는 1869년 3월 6일에 러시아 화학 협회에서 그때까지 알려진 원소들을 원자량 순서로 배열하면 화학적 성질이 주기적으로 반복된다는 것을 나타내는 주기율표를 발표했다. 이 주기율표에는 아직 발견되지 못한 원소들이 들어갈 빈자리가 남겨져 있었는데, 멘델레예프는 주기율표를 이용하여 이 자리에 들어갈 원소들의 성질을 예측했다. 얼마 후, 멘델레예프가 예측했던 원소들이 실제로 발견되자 멘델레예프의 주기율표는 많은 사람들의 관심을 끌게 되었다. 그런데 크기와 무게만 다른 원자들의 성질이 주기적으로 반복되는 것은 아무래도 이상했다. 과학자들은 주기율표에 원자에 대한 비밀이 숨어 있는 것이 아닐까 생각하게 되었다.

원자도 쪼개질 수 있다는 좀 더 직접적인 증거는 1890년대에 발견되었다. 1896년에는 프랑스의 앙리 베크렐Henri Becquerel, 1852-1908이 우라늄에서 방사선이 나오는 것을 발견했다. 더 이상 쪼갤 수 없는 원자에서는 아무것도 나올 수 없다. 따라서 우라늄에서 무엇이 나온다는 것은 원자가 더 쪼개질 수 있다는 뜻이었다. 그러나 베크렐은 방사선이 원자에서 나온 것이라는 사실을 알지 못했다.

1897년에는 영국의 조지프 톰슨Joseph John Thomson, 1856-1940이 오늘날의 형광등과 비슷한 음극선 관을 이용한 실험으로 전자를 발견했다. 뉴질랜드 출신으로 영국에서 활동했던 어니스트 러더퍼드Ernest Rutherford, 1871-1937는 원자에서 나오는 방사선에는 세 가지 종류가 있으며 이 중에는 전자의 흐름인 베타선β-ray도 있다는 것을 밝혀냈다. 원자가 복잡한 내부 구조를 가지고 있다는 것이 분명해진 것이다.

원자가 더 이상 쪼개지지 않는 가장 작은 알갱이라는 원자론의 주장은 사실이 아니었다. 물론 그렇다 하더라도 물질을 태우거나 화합물을 만들거나 분리하는 등의 모든 화학 반응에서는 여전히 원자가 기본 단위이고, 원자론의 설명이 옳다. 하지만 원자가 단순한 알갱이가 아니라는 것이 밝혀진 이상, 과학자들은 원자의 내부 구조를 알아내야 하는 어려운 숙제를 안게 되었다.

"우리는 자연의 모든 작동에서 아무것도 창조하거나 파괴할 수 없다!"

1789년에 라부아지에가 출판한 『화학 원론』에는 근대 화학의 기초가 되는 두 가지 중요한 내용이 포함되어 있었다. 하나는 물질이 불에 타는 것은 물질과 산소가 결합하는 화학 반응이라는 사실이었고, 다른 하나는 화학 반응에서는 질량이 변하지 않는다는 '질량 보존의 법칙'이었다. 라부아지에는 질량 보존의 법칙에 대해 『화학 원론』에 다음과 같이 설명해 놓았다.

우리는 기술과 자연의 모든 작동에서 아무것도 창조하거나 파괴할 수 없다는 것을 명백한 원칙으로 삼아야 한다. 화학 실험의 앞뒤에는 똑같은 양의 물질이 존재한다. 원소의 질과 양은 정확하게 똑같이 유지된다. 화학 반응에서는 원소들의 조합이 변하는 것 외에는 아무것도 일어나지 않는다.

라부아지에는 질량 보존의 법칙을 확인하기 위해 설탕, 물, 효모를 이용한 발효 실험을 했다. 실험을 하기 전에 설탕과 물과 효모의 무게를 재고, 발효가 끝난 뒤에 남아 있는 설탕과 효모, 그리고 생성된 이산화탄소와 알코올과 아세트산의 무게를 측정했다. 그 결과, 발효라는 복잡한 화학 반응이 일어나는 동안에도 전체 무게는 조금도 변하지 않았다는 사실을 확인할 수 있었다.

질량 보존의 법칙은 오랫동안 자연에 존재하는 기본 법칙 중 하나였다. 질량은 물질의 고유한 양으로 없어지거나 생겨나지 않는 것이었다. 현대 과학에서도 화학 반응에서는 질량 보존의 법칙이 성립한다. 하지만 핵반응이라는 과정에서는 더 이상 질량 보존의 법칙이 성립하지 않는다는 것이 밝혀졌다.

핵반응은 우라늄과 같은 커다란 원자의 원자핵이 분열하거나 수소처럼 작은 원자들이 결합하여 헬륨같이 더 큰 원자가 되는, 원자핵과 관련된 변화이다. 따라서 핵반응이 일어날 때는 원자의 종류가 바뀐다. 반면 화학 반응에서는 원자와 원자가 결합하는 방법이 바뀔 뿐이지 원자 자체는 변하지 않는다. 그러니까 원자의 종류가 바뀌는 반응에서는 질량이 보존되지 않는 것이다. 불안정한 원자가 방사선을 내면서 안정한 원자로 바뀌는 것을 방사성 붕괴라고 하는데, 방사성 붕괴 때도 원자의 종류가 바뀌기 때문에 질량이 보존되지 않는다.

핵반응이나 방사성 붕괴에서 질량이 보존되지 않는 까닭은 질량의 일부가 에너지로 바뀌기 때문이다. 질량이 에너지로, 에너지가 질량으로 바뀔 수 있다는 사실은 1905년에 아인슈타인의 상대성 이론으로 증명되었다. 따라서 질량 보존의 법칙은 자연의 기본 법칙으로서의 지위를 잃었고, 에너지와 질량을 합한 양이 보존된다는 '질량·에너지 보존 법칙'이 그 자리를 대신하게 되었다. 질량·에너지 보존 법칙은 화학 반응은 물론 원자의 종류가 바뀌는 핵반응에서도 성립하는 자연의 기본 법칙이다.

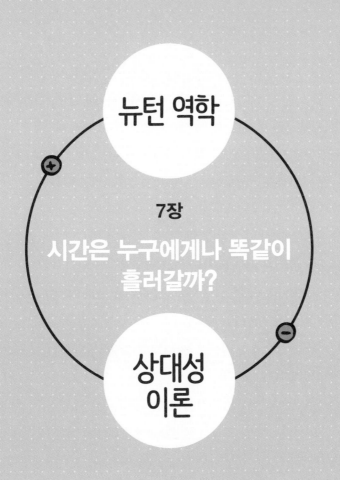

뉴턴 역학

7장

시간은 누구에게나 똑같이
흘러갈까?

상대성
이론

1919년 11월 6일에 영국 런던에서 왕립 천문 학회와 왕립 협회가 공동으로 주관한 회의가 열렸다. 이 회의에서는 영국의 아서 에딩턴Arthur Stanley Eddington, 1882~1944이 이끈 탐사 팀이 그해 3월 29일 있었던 개기 일식을 관측한 결과가 발표되었다. 회의에 참석했던 한 수학자는 이 회의의 분위기를 다음과 같이 묘사했다. "그것은 장엄한 연극의 클라이맥스와 같았다. 회의 참가자들은 역사적으로 가장 위대한 순간을 직접 목격했다. 커다란 뉴턴의 사진이 걸려 있는 홀에서 개최된 이 회의에서 우리는 과거 200년 이상 절대적 권위를 가지고 있던 뉴턴 역학을 수정해야 한다고 선언했다."

에딩턴은 자신의 관측 결과가 지닌 놀라운 의미를 정열적으로, 그러나 명료하게 설명했다. "8개월 전 일식이 일어났을 때 아프리카의 프린시페에서 찍은 태양 주변 별들의 사진과 6개월 뒤 밤에 다시 찍은 그 별들의 사진을 비교한 결과, 별들의 위치가 아인슈타인이 예측했던 대로 이동해 있는 것을 확인했습니다. 이것은 빛이 태양 옆을 지나오는 동안 휘어져 왔다는 것을 말해 줍니다. 아인슈타인이 상대성 이

별의 실제 위치　　　　　　　　　　　관측되는 별의 위치

● ─〈London News〉1919년 11월 22일자. 에딩턴의 탐험을 설명하
는 기사에 삽입된 삽화.

론에서 예측한 대로 태양 옆 공간이 굽어 있다는 뜻입니다."

　　왕립 협회 회장이었던 조지프 톰슨은 "아인슈타인의 상대성 이론은 인
간의 사고가 이루어 낸 가장 큰 성취입니다."라며 감격에 겨워 말했
다. 지난 200년 동안 이러한 찬사는 뉴턴 역학의 몫이었다. 그러나 이

제 이 모든 찬사가 상대성 이론을 향하게 된 것이다. 다음 날 세계 주요 신문들은 이날 회의에서 발표된 내용을 일제히 머리기사로 다루었다. '과학의 혁명, 우주에 관한 새로운 이론! 뉴턴의 이론이 무너졌다', '하늘에서 빛이 휘어진다! 아인슈타인 이론의 승리!'. 상대성 이론을 제안한 알베르트 아인슈타인은 과학자로서는 드물게 세계적인 슈퍼스타가 되었다.

힘은 운동 상태를 유지하는 데 필요한 것이 아니라 운동 상태를 변화시키는 데 필요한 것이라고 설명한 뉴턴 역학은 200년 동안 많은 자연 현상을 성공적으로 설명했다. 특히 행성들의 운동을 과학적으로 분석하여 해왕성이 발견되기 전에 그 위치를 미리 알아낸 일은 사람들에게 깊은 인상을 남겼다. 이런 성공에 힘입어 뉴턴 역학은 절대적인 진리처럼 여겨졌다. 그런데 아인슈타인의 상대성 이론으로 뉴턴 역학이 완전하지 않다는 것이 밝혀진 것이다. 완벽해 보이던 뉴턴 역학을 무너뜨린 상대성 이론은 대체 어떤 내용일까? 그리고 아인슈타인은 상대성 이론을 어떻게 알아냈을까?

특수 상대성 이론

상대성 이론은 한마디로 말하면 서서 보는 세상과 일정한 속도 (빠르기를 나타내는 속력에 방향까지 고려한 양으로 속도의 크기가 속력이다)로 달리면서 보는 세상이 어떻게 다를까를 설명하는 이론이다. 갈릴레이가 1632년에 출판한 『두 우주 체계에 대한 대화』에서 상대성 원리를 제안했다는 것은 2장에서 이미 이야기했다. 상대성 원리는 정지해 있는 세상에서나 일정한 속도로 달리는 세상에서나 일어나는 일들에 똑같은 물리 법칙이 적용된다는 원리이다. 물리 법칙은 질량, 길이, 시간과 같은 물리량들 사이의 관계를 말한다. 우리가 태양 주위를 아주 빠르게 돌고 있는 지구 위에 살면서도 지구가 우주의 중심에 정지해 있다고 생각한 것은 갈릴레이가 말한 상대성 원리 때문이다.

그런데 갈릴레이는 서 있을 때나 달리고 있을 때 물리 법칙만 같은 것이 아니라 질량, 길이, 시간과 같은 물리량도 같다고 했다. 정지해 있는 세상에서 측정하든 일정한 속도로 달리고 있는 세상에서 측정하든 물리량과 물리 법칙이 모두 같다는 것이다. 이런 원칙은 뉴턴 역학에서도 그대로 받아들여졌다. 이 경우에 정지한 사람이 측정한 물체의 속력과 일정한 속도로 달리고 있는 사람이 측정한 그 물체의 속력은 다르다. 버스가 달리고 있을 때, 길에 서 있는 사람이 측정한 버스의 속력과 자전거를 타고 달리는 사람이 측정한 버스의 속력이 다르다는 것은 우리 경험으로도 알 수 있다. 그렇다

면 서 있는 사람이 측정한 빛의 속력과 로켓을 타고 달리는 사람이 측정한 빛의 속력도 달라야 할 것이다.

그러나 빛의 속도를 정밀하게 측정한 과학자들은 빛의 속력이 언제나 같다는 것을 발견했다. 서 있는 사람이 측정하든 우주선을 타고 아주 빠른 속도로 달리는 사람이 측정하든 빛의 속력은 언제나 같다. 이것은 우리 상식에도, 갈릴레이의 설명에도, 그리고 뉴턴 역학에도 맞지 않는 현상이었다. 뉴턴 역학은 틀릴 리가 없다고 믿었던 많은 과학자들은 이 문제의 원인을 다른 곳에서 찾으려고 노력했다. 그러나 대학을 졸업한 후 특허 사무소의 서기로 일하고 있던 젊은 아인슈타인은 뉴턴 역학을 수정함으로써 이 문제를 해결했다. 이것이 1905년에 아인슈타인이 제안한 특수 상대성 이론이다.

아인슈타인은 정지해 있는 세상에서나 일정한 속도로 달리고 있는 세상에서나 같은 물리 법칙이 성립한다는 상대성 원리는 그대로 인정했다. 그러나 정지해 있는 세상에서 측정한 물리량과 일정한 속도로 달리고 있는 세상에서 측정한 물리량이 같다는 원칙 대신, 빛의 속력이 일정하다는 것을 받아들였다. 빛의 속력이 항상 같기 위해서는 정지해 있을 때와 움직이고 있을 때 질량, 길이, 시간과

뉴턴 역학과 특수 상대성 이론의 전제

뉴턴 역학	특수 상대성 이론
(정지해 있거나 일정한 속도로 달리는 모든 사람이 측정한)	
❶ 물리 법칙은 같다(상대성 원리).	❶ 물리 법칙은 같다(상대성 원리).
❷ 길이, 시간, 질량도 같다.	❷ 길이, 시간, 질량은 다르다.
❸ 빛의 속력은 다르다.	❸ 빛의 속력은 같다(광속 불변의 원리).

같은 물리량들이 달라져야 했다.

이제 길이, 시간, 질량과 같은 물리량이 어떻게 달라지는지를 설명하는 일만 남았다. 아인슈타인은 물체에 대해 정지해 있는 사람이 측정한 물리량을 일정한 속도로 달리고 있는 사람이 측정한 물리량으로 변환할 수 있는 변환식을 유도해 냈다. 이 변환식을 '로런츠 변환식'이라고 한다. 특수 상대성 이론의 핵심이라고 할 수 있는 로런츠 변환식을 이용하면 측정하는 사람에 따라 길이, 시간, 질량이 어떻게 달라지는지를 계산할 수 있다.

길이 수축과 시간 지연

로런츠 변환식을 이용하여 계산해 보면 빠르게 달리는 물체의 길이는 정지해 있을 때의 길이보다 짧아진다. 이것을 '길이 수축'이라고 한다. 그래야 정지한 사람이 측정한 빛의 속력과 달리고 있는 사람이 측정한 빛의 속력이 같고, 두 사람이 측정한 물리 법칙이 같아진다. 그런데 이러한 물리량의 변화는 속력이 빛의 속력과 비교할 수 있을 정도로 빠른 경우에만 우리가 측정할 수 있을 정도로 크게 나타난다. 아인슈타인이 특수 상대성 이론을 제안한 1905년에는 빛의 속력과 비교할 수 있을 정도로 빨리 달리는 물체가 없었기 때문에 실험을 통해 이것을 확인할 수가 없었다. 그러나 현재 세계 곳곳에 설치되어 있는 입자 가속기 안에서는 전자나 양성자와 같은 입자들이 거의 빛의 속력에 가깝게 달리고 있다. 이런 입자들을 이용한 실험으로 특수 상대성 이론의 결과가 옳다는 것이 증명되었다. 아주 빠르게 달리는 세상에서는 우리 상식으로는 이해할 수 없는 일들이 실제로 일어나고 있었던 것이다.

한편, 로런츠 변환식에 따르면 빠른 속도로 달리는 경우에는 정지해 있는 경우에 비해서 시간이 천천히 간다. 이것을 '시간 지연'이라고 한다. 시간 지연은 단순히 시간을 측정하는 시계가 천천히 가는 것만이 아니라 모든 과정이 천천히 진행된다는 뜻이다. 우리의 행동은 물론 신체 리듬이나 생리 작용도 느려진다. 따라서 말 그대로 시간이 지연되고, 나이를 천천히 먹게 된다. 물론 시간 지연도 길이 수축과 마찬가지로 빛의 속력과 비교할 만큼 속력이 빨라야 그 효과를 관측할 수 있다. 하지만 어찌되었든 측정하는 사람의 속도에 따라 길이는 물론 시간까지 달라진다는 것은 상식적으로 납득하기 어려운 이야기이다. 상대성 이론이 이해하기 어려운 것은 이처럼 우리 상식으로는 받아들이기 힘든 사실을 이야기하고 있기 때문이다.

특수 상대성 이론의 시간 지연과 관련하여 재미있는 사고 실험이 하나 있다. 만약 쌍둥이 중 한 사람은 지구에 머물러 있고, 다른 한 사람은 로켓을 타고 우주를 여행한다면 누가 나이를 더 적게 먹을까? 지구에 있는 쌍둥이가 볼 때는 로켓을 타고 달리고 있는 쌍둥이가 나이를 적게 먹는다. 그러나 로켓에 타고 있는 쌍둥이가 보면 자신이 탄 로켓은 서 있고 지구가 빠른 속도로 멀어지는 것처럼 보인다. 운동은 상대적이기 때문이다. 그렇게 보면 지구에 있는 쌍둥이가 움직이고 있는 것이므로 지구에 있는 사람이 나이를 적게 먹어야 한다. 이것이 바로 유명한 쌍둥이 역설이다. 그럼 실제로는 누가 더 나이를 적게 먹을까? 로켓을 타고 일정한 속도로 지구에서 멀어지는 경우만 생각하면 특수 상대성 이론에 의해서 실제로 각기 상대편이 나이를 적게 먹는다. 두 쌍둥이가 각각 측정한 나이가 다른 것이다. 이것은 시간이 누구에게 똑같이 흐르지 않고, 다른 상태에서 측정한 시간은 다르게 가기 때문에 나타나는 현상이다.

그렇다면 로켓을 타고 우주 여행을 떠났던 쌍둥이가 지구로 돌아왔다면 누가 더 나이를 적게 먹었을까? 로켓을 타고 여행하던 쌍둥이가 지구로 돌아오기 위해서는 로켓의 속력을 줄인 후 방향을

| 우주 여행 전 | 우주 여행 후 |

● 쌍둥이 역설. 쌍둥이 중 한쪽이 로켓을 타고 우주 여행을 다녀온다면 누가 더 나이를 적게 먹을까?

바꿔 지구를 향해 달리다가 지구 가까이 와서 다시 속력을 줄여야
한다. 이렇게 속도가 변하는 경우에는 특수 상대성 이론으로 설명
할 수 없다. 특수 상대성 이론은 일정한 속도로 달리는 경우에만 적
용되는 이론이기 때문이다. 속도가 변하는 경우에는 뒤에서 설명할
일반 상대성 이론을 이용해야 한다. 일반 상대성 이론에 의하면 속
도가 변하는 경우에 시간이 천천히 간다. 따라서 우주 여행을 하고
돌아온 쌍둥이가 나이를 적게 먹는다.

질량과 에너지

　　뉴턴 역학에서 질량은 물체의 고유한 양으로, 서 있는 사람이 관
측하든 빠르게 달리는 사람이 관측하든 질량은 똑같다. 하지만 특

수 상대성 이론에 의하면 속력이 빨라지면 질량이 커져야 한다. 물체를 큰 힘으로 밀면 물체의 속력이 빨라져 운동 에너지가 증가한다. 그러나 속력이 계속 빨라져 빛의 속력에 가까워지면 외부에서 공급해 준 에너지가 물체의 속력을 증가시키는 것이 아니라 물체의 질량을 증가시킨다.

물체의 속력이 빛의 속력에 근접하면 물체의 질량이 무한대 가까이 증가한다. 무한대 가까운 질량을 가진 물체는 아무리 큰 힘을 가해도 더 빨라지지 않는다. 물체를 빛보다 빠른 속력으로 달리게 할 수 없는 것은 이 때문이다. 따라서 질량을 가지고 있는 모든 물체는 빛보다 느리다. 다시 말하면, 진공 속을 달리는 빛의 속력이 모든 속력 중에서 가장 빠른 속력이다. 가끔 빛보다 빠른 입자가 발견되었다는 뉴스가 나오기도 하는데 만약 그것이 사실이라면 현대 물리학은 처음부터 새로 써야 할 것이다. 실제로 아직까지 빛보다 빨리 달리는 입자는 발견되지 않았다.

물체에 공급해 준 에너지가 일부는 물체의 속력을 증가시키는

뉴턴 역학과 특수 상대성 이론에서 보는 빛의 속력

뉴턴 역학	특수 상대성 이론
❶ 빛의 속력도 보통 속력 중 하나다.	❶ 빛의 속력은 세상에서 가장 빠르다.
❷ 오랫동안 큰 힘을 가하면 빛보다 빨리 달리게 할 수 있다.	❷ 모든 질량을 가진 물체는 빛보다 빨리 달릴 수 없다.

데 사용되고 일부는 질량을 증가시키는 데 사용된다는 사실은 에너지가 질량으로 변하고 질량이 에너지로 변할 수 있음을 나타낸다. 질량과 에너지 사이의 변환 공식이 바로 잘 알려진 $E = mc^2$이다. 이 식에서 빛 속력의 제곱을 나타내는 c^2은 매우 큰 값이어서 적은 양의 질량(m)도 아주 큰 에너지(E)로 전환될 수 있다.

현재 인류가 사용하고 있는 에너지 중 일부는 이 식을 통해 얻는다. 불안정한 큰 원자들이 분열하여 안정한 작은 원자가 될 때는 질량의 일부가 에너지로 바뀌는데 이 에너지는 핵폭탄이나 핵 발전소의 에너지원이 되고 있다. 작은 원자들이 융합하여 더 안정한 큰 원자를 만들 때도 질량의 일부가 에너지로 바뀌는데 태양과 같은 별들은 주로 이 에너지를 이용하여 빛나고 있다.

지구 내부가 뜨거운 것도 질량이 에너지로 변하는 현상 때문이다. 원자 중에는 불안정해서 입자나 전자기파를 방출하고 보다 안정된 상태의 원자로 돌아가는 것들이 있다. 이런 원자들을 방사성 원소라고 하는데 방사성 원소가 방사선을 내고 다른 안정한 원소로 바뀔 때도 질량의 일부가 에너지로 바뀐다. 지구 내부에는 많은 양의 방사성 원소가 포함되어 있다. 지구 내부가 뜨겁게 유지되는 것은 방사선 원소가 내놓는 에너지 때문이다.

1905년에 일정한 속도로 운동하고 있는 경우에 적용되는 특수 상대성 이론을 제안한 아인슈타인은 곧 속도가 일정하지 않은 관측자가 측정한 물리량에 대한 연구를 시작했다. 그리고 10년 뒤인 1915년에 연구 결과를 집대성한 일반 상대성 이론을 발표했다. 일반 상대성 이론은 뉴턴 역학의 중력이론을 대신할 새로운 중력이론이라고 할 수 있다.

뉴턴 역학에서는 모든 물체 사이에는 서로 끌어당기는 중력이 작용하고 있으며, 중력의 세기는 두 물체의 질량의 곱에 비례하고 두 물체 사이의 거리 제곱에 반비례한다고 하였다. 그리고 중력은 두 물체가 서로 멀리 떨어져 있어도 작용하는 원격 작용 힘이라고 주장했다. 이러한 뉴턴의 중력 법칙은 뉴턴 역학의 핵심이다.

새로운 중력 법칙을 탄생시킬 아인슈타인의 연구는 중력과 관성력을 비교하는 일에서부터 시작되었다. 중력은 질량 사이에 작용하는 힘으로, 중력의 세기를 계산하기 위해서는 질량을 알아야 한다. 중력 계산에 사용되는 질량이 중력 질량이다. 반면에 관성력은 물체의 운동 상태가 변하는 것에 저항하는 힘이다. 서 있던 버스가 갑자기 출발하면 뒤로 힘을 받는 것을 느낄 수 있는데 이것이 관성력이다. 관성력은 질량과 가속도를 곱해서 구할 수 있다. 이때 사용되는 질량이 관성 질량이다. 그런데 여러 가지 실험을 해 보면 중력

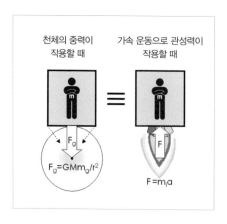

천체의 중력이 작용할 때

가속 운동으로 관성력이 작용할 때

$F_g = GMm_g/r^2$

$F = m_i a$

● 우리가 로켓을 타고 있다면 로켓 근처에 있는 천체의 중력과 가속 운동으로 인한 관성력을 구분할 수 없다.

질량과 관성 질량이 같다는 것을 알 수 있다. 둘 다 질량은 질량이니 같은 것이 당연하다고 생각할 수도 있을 것이다. 그러나 두 가지 질량은 전혀 다른 방법으로 정의한 물리량이기 때문에 두 질량이 반드시 같을 이유는 없다. 아인슈타인은 두 가지 질량이 같은 것에 주목했다.

만약 우리가 밖을 내다볼 수 없는 로켓을 타고 우주 공간에 있는데 로켓 안에서 몸에 작용하는 힘을 느낀다면, 그 힘이 로켓의 가속도에 의한 관성력인지 로켓 근처에 있는 천체에 의한 중력인지 구별할 수 있을까? 아인슈타인은 그 둘을 구분하는 것이 불가능할 것이라고 생각했다. 중력 질량과 관성 질량이 같기 때문이다. 그렇다면 점점 빨라지면서 가속 상승하고 있는 엘리베이터에서 일어나는 일은, 멈춰 있지만 천체의 중력이 작용하고 있는 엘리베이터에서도 똑같이 일어나야 한다. 이것을 '등가 원리'라고 한다. 등가 원리는 일반 상대성 이론의 바탕이 되는 원리이다.

이제 엘리베이터의 한쪽 벽에 나 있는 구멍으로 들어와 반대쪽 벽으로 나가는 빛에 대해 생각해 보자. 엘리베이터가 정지해 있을 때는 한쪽 벽에 난 구멍으로 들어온 빛이 똑바로 엘리베이터를 가로질러 같은 높이에 있는 반대편 벽의 구멍으로 나갈 것이다. 그러나 엘리베이터가 일정한 속도로 상승하고 있으면 한쪽 벽에 난

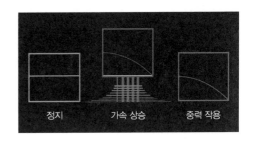

정지　　　가속 상승　　　중력 작용

● 가속되고 있는 경우와 중력이 작용하는 경우 빛의 경로.

구멍으로 들어온 빛은 반대편 벽의 낮은 지점에 있는 구멍으로 나갈 것이다. 이때 빛이 지나간 자리를 엘리베이터 안에서 보면 비스듬한 직선이 된다. 엘리베이터가 점점 더 빠른 속도로 상승하는 경우에도 한쪽 벽에 난 구멍으로 들어온 빛은 반대편 벽의 낮은 지점에 있는 구멍으로 나갈 것이다. 이때 빛이 지나간 자리를 엘리베이터 안에서 보면 포물선이 된다. 가속 상승하고 있는 엘리베이터에서 측정하면 빛이 휘어서 진행하는 것으로 관측되는 것이다. 그렇다면 중력이 작용하는 공간을 지나가는 빛도 휘어서 지나가는 것으로 관측돼야 한다. 등가 원리에 의해 가속도를 가지고 움직이는 로켓 안에서 일어나는 일은 중력이 작용하는 로켓 안에서도 그대로 일어나야 하기 때문이다.

아인슈타인은 빛이 휘어서 가는 건 공간이 휘어져 있기 때문이라고 설명했다. 우리는 직선이 휜다는 것이 무슨 뜻인지 잘 알고 있다. 철사나 고무줄을 휘어 본 경험이 누구나 있기 때문이다. 종이나

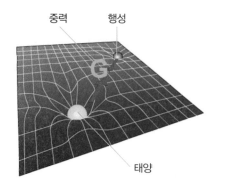

중력　행성

G

태양

● 질량 주변에서 휘어진 공간.

고무판과 같은 평면이 휜다는 것도 어떤 의미인지 잘 알고 있다. 종이와 같은 평면에 힘을 가하면 쉽게 구부릴 수 있다. 그러나 공간이 휜다는 것은 상상하기 어렵다. 3차원 공간에 살고 있는 우리의 감각으로는 경험할 수 없는 일이기 때문이다. 다만 수학을 이용하여 휜 공간을 나타내는 것은 가능하다.

아인슈타인은 수학적 계산을 통해 중력이 작용하는 공간이 얼마나 휘어져 있는지를 알아냈다. 공간이 휘는 정도는 질량의 크기에 따라 달라지는데 질량이 아주 큰 경우에만 우리가 측정할 수 있을 정도로 많이 휘어진다. 이것이 아인슈타인의 일반 상대성 이론이다. 일반 상대성 이론에 의하면 물체 사이에 작용하는 중력은 휘어진 공간을 따라 작용한다. 태양이 있으면 태양 주위의 공간이 휘고, 행성들은 이 휘어진 공간으로 떨어지려고 한다. 이 떨어지려고 하는 힘이 중력이다. 따라서 중력은 공간이 휘어진 정도를 나타내는 곡률에 비례한다.

뉴턴 역학의 결과는 우리 상식으로 쉽게 이해할 수 있다. 뉴턴 역학은 우리가 주로 경험하는 세상에서 일어나는 현상을 다루기 때문이다. 그러나 아인슈타인의 특수 상대성 이론과 일반 상대성 이론은 일상생활에서는 거의 경험할 수 없는 아주 빠른 속력으로 달리는 물체를 다루고 있다. 뉴턴 역학에서는 속력이 아주 빠른 경우에도 일상생활에서 경험하는 것과 같은 일들이 일어날 것이라고 생각했다. 그러나 아인슈타인이 제안한 상대성 이론은 아주 빠른 속력으로 달리는 물체에서는 우리가 상식적으로 생각하는 것과는 전혀 다른 일들이 일어난다고 말하고 있다.

아인슈타인의 상대성 이론은 우리가 가지고 있던 시간과 공간에 대한 생각을 완전히 바꾸어 놓은 혁명적인 생각이었다. 이제 과학자들이 해야 할 일은 실험을 통해 뉴턴 역학이 옳은지 아니면 뉴턴 역학이 틀리고 상대성 이론이 옳은지를 확인하는 것이었다.

일식 때 별 사진을 찍어라

일반 상대성 이론에서 말하는 것처럼 질량 주변에서 공간이 정말로 휘어지는지 알아보기 위해서는 질량이 아주 큰 물체가 있어야 한다. 질량이 아주 큰 경우에만 질량 주변의 공간이 우리가 측정할 수 있을 정도로 휘어지기 때문이다. 처음에 아인슈타인은 목성을 이용할 생각을 했다. 목성의 질량은 지구 질량의 318배나 된다. 따라서 목성 주위의 공간도 상당한 정도로 휘어져 있을 것이라고 생각했다. 목성 주변의 공간이 휘어져 있는지 알아보는 방법은 아주 간단하다. 목성이 지나가는 길목에 있는 별자리의 사진을 찍은 다음 목성이 실제로 이 별자리에 왔을 때 다시 사진을 찍어 두 사진을 비교해 보면 된다. 만약 두 사진에 나타난 별들의 위치가 달라져 보인다면 그것은 목성으로 인해 공간이 휘어져 별빛이 굽어져 왔다는 것을 의미한다. 별들의 위치가 변한 정도를 측정하면 공간이 휘어진 정도도 계산할 수 있을 것이다.

그러나 아인슈타인은 목성의 질량 정도로는 우리가 측정할 수 있는 만큼 공간이 휘어지지 않는다는 것을 알게 되었다. 따라서 목성보다 더 큰 천체를 찾아야 했다. 태양계에서 목성보다 큰 물체는 하나밖에 없다. 바로 태양이다. 아인슈타인의 계산에 의하면 질량이 지구의 33만 3000배나 되는 태양은 우리가 측정할 수 있을 정도로 공간을 휘어 놓는다. 따라서 태양이 지나가는 길목에 있는 별들의 사진을 찍어, 태양이 그 앞에 올 때 찍은 사진과 비교해 보면 정말로 공간이 휘어져 있는지 확인할 수 있을 것이다.

문제는 태양이 너무 밝아 태양 주변의 별들이 보이지 않는다는 것이었다. 그러나 태양 주위에 있는 별들의 사진을 찍을 기회가 아주 없는 것은 아니었다. 몇 년에 한 번씩 일어나는 일식을 이용하면 태양 주변에 있는 별들의 사진을 찍을 수 있다. 아인슈타인은 일반 상대성 이론을 발표하기 전에 일식 사진을 찍어서 증거 자료로 논문에 첨부할 생각이었다. 마침 1914년 8월 21일 우크라이나의 크림반도에서 일식이 있을 예정이었다. 아인슈타인의 친구였던 천문학자 에르빈 프로인틀리히가 이 관측 여행을 이끌었다. 그런데 프로인틀리히 일행이 크림반도로 가던 중 제1차 세계대전이 일어나 독일과 러시아가 전쟁에 돌입했고, 그 와중에 프로인틀리히가 포로로 잡히고 말았다. 프로인틀리히는 포로 교환을 통해 집으로 돌아올 수 있었지만 탐사 여행은 실패로 끝났다.

아인슈타인은 할 수 없이 증거 자료를 첨부하지 못한 채 1915년에 일반 상대성 이론을 발표했다. 과학자들은 아인슈타인의 일반 상대성 이론을 확인하기 위해 일식을 기다렸다. 그리고 마침내 1919년 그 기회가 왔다. 이번에는 영국에서 대규모 탐사대를 조직했다. 탐사대의 책임자는 일반 상대성 이론을 잘 이해하고 있던 아서 에딩턴이었다. 에딩턴의 탐사대를 적극 지원했던 영국 정부는 에딩턴이 탐사 여행을 통해 독일 과학자였던 아인슈타인의 이론보다는 영국 과학자가 밝혀낸 뉴턴 역학이 역시 옳았다는 것을 증명해 주기를 은근히 바랐다.

1919년의 일식은 브라질과 아프리카 동부 해안에서 관측이 가능했다. 일식이 일어나는 짧은 시간 동안에 태양 주위에 있는 별들의 사진을 찍기 위해서는 날씨가 좋아야 한다. 그래서 에딩턴은 탐사대를 두 팀으로 나누어 한 팀은 브라질로 보내고, 한 팀은 자신이 직접 이끌고 아프리카 동부 해안 가까이 있는 프린시페섬으로 갔다. 일식이 일어나기 전에는 비가 왔지만 다행히 일식이 일어나는 동안에 날이 개어 몇 장의 사진을 찍을 수 있었다. 그리고 6개월이

● 아서 에딩턴과 1919년 일식 관측 장비.

지나 이번에는 앞에 태양이 없는 상태에서 그 별들의 사진을 찍었
다. 그리고 두 사진을 비교한 결과를 1919년 11월 6일에 영국 왕립
천문 학회와 왕립 협회가 공동으로 주관한 회의에서 발표했던 것이
다. 그 결과는 아인슈타인의 상대성 이론의 승리였다. 물리학의 새
로운 시대가 시작되었음을 알린 것이다.

중력 렌즈와 블랙홀

　에딩턴의 탐사 여행으로 태양 주위의 공간이 휘어져 있다는 것
을 확인할 수 있었다. 요즘도 개기 일식 때면 태양 주변 별들의 사

진을 찍어 일반 상대성 이론을 확인해 보는 사람들이 있다. 하지만 오늘날 많은 천문학자들은 태양보다 더 큰 천체를 이용해 빛이 휘는 현상을 관측한다. 우주에는 태양보다 더 큰 천체들이 얼마든지 있다. 태양보다 큰 별들도 많고, 수천억 개의 별들로 이루어진 은하도 있으며, 수천 개의 은하들이 모여 있는 은하단도 있다. 이런 천체들은 주변을 지나는 빛을 크게 휘어지게 하기 때문에 측정이 용이하다.

은하나 은하단과 같이 질량이 아주 큰 천체가 뒤에서 오는 빛을 휘게 해서 뒤쪽에 있는 천체의 모습을 바꾸어 놓는 현상을 중력 렌즈라고 한다. 중력 렌즈 현상을 조사하면 멀리 있는 천체에서 오는 빛이 얼마나 휘어졌는지 알 수 있고, 빛이 휜 정도를 통해 중력 렌즈 현상을 만들어 낸 천체의 질량도 계산할 수 있다. 천문학자들은 하늘에서 많은 중력 렌즈 현상을 관찰했으며, 중력 렌즈 현상을 이용해 새로운 천체를 찾아내기도 했다.

질량 주위의 공간이 휘어져 있다는 아인슈타인의 일반 상대성 이론 덕분에 세상에 그 존재가 알려진 천체가 바로 블랙홀이다. 아주 많은 질량이 좁은 공간에 모여 있으면 공간이 심하게 휘어지기 때문에 빛마저도 빠져나올 수 없게 된다. 빛마저도 탈출할 수 없는 천체가 바로 블랙홀이다. 블랙홀에서는 빛도 나올 수 없기 때문에 망원경으로 블랙홀을 관측하는 것은 불가능하다. 그러나 블랙홀 가까이 있는 다른 천체들의 운동을 관측하면 블랙홀의 위치와 질량을

● 중력 렌즈 효과. 은하 뒤에 있는 천체에서 오는 빛이 휘어져 호의 모양으로 보인다.

알아낼 수 있다.

만약 블랙홀 가까이에 다른 천체가 있으면 이 천체로부터 블랙홀로 물질이 빨려 들어가게 된다. 블랙홀로 빨려 들어가는 기체나 먼지구름은 빠른 속력으로 소용돌이치면서 빨려 들어가는데 일단 블랙홀로 들어가면 아무것도 밖으로 나올 수 없다. 그러나 아주 빠른 속력으로 회전하는 고온의 기체나 먼지구름은 강한 엑스선을 내기 때문에 블랙홀로 빨려 들어가기 직전에도 강한 엑스선이 나온다. 따라서 하늘에서 강한 엑스선이 나오는 곳을 조사하면 블랙홀의 위치를 알 수 있다. 천문학자들은 이런 방법으로 많은 블랙홀 후보들을 찾아냈다. 일반 상대성 이론이 탄생시킨 블랙홀은 이제 더 이상 특이한 천체가 아니라 우주 여기저기에 흩어져 있는 흔한 천체가 되었다.

얼마 전에 세상을 떠난 영국의 물리학자 스티븐 호킹은 블랙홀에서도 입자가 방출될 수 있다는 이론을 제안하여 과학자들의 관심을 끌었다. 그러나 그의 이론은 아직 실험을 통해 증명되지 않았다. 블랙홀에서 일어나는 일들을 실험으로 확인하는 것은 아직 가능하지 않기 때문이다.

중력파와 LIGO

2016년 2월 라이고 과학 협력단LSC: LIGO Scientific Collaboration은 2015년 9월에 중력파를 측정하는 데 성공했다고 발표했다. 과학자들은 물론 일반인들도 이 발표에 큰 관심을 보였다. 100여 년 전에 아인슈타인이 예측했던 중력파를 찾아낸 이 발견은 앞으로의 과학 발전에 크게 기여할 것으로 기대되기 때문이다. 그렇다면 중력파란 무엇이고 그것을 발견한 LIGO라이고는 어떤 실험 장치일까?

일반 상대성 이론에 의하면 질량은 주변 공간을 휘게 한다. 질량이 공간을 휘게 한다면 폭발이나 충돌과 같은 급격한 질량의 변화는 시공간을 흔들어 놓을 수 있을 것이다. 급격한 질량 변화에 따른 공간의 흔들림이 파동의 형태로 퍼져 나가는 것이 중력파이다. 그러나 이 흔들림은 아주 작아서 그것을 측정하는 것은 매우 어려운 일이다. 과학자들은 이 미약한 중력파를 측정하기 위해 여러 가지 장치를 만들었지만 중력파 측정에 성공한 장치는 LIGO였다.

LIGO는 레이저 간섭계 중력파 관측소Laser Interferometer Gravitational-wave Observatory의 영어 머리글자를 따서 만든 약자이다. LIGO는 길이가 4km나 되는 두 개의 긴 관으로 되어 있다. 고도의 진공 상태를 유지하고 있는 두 관의 끝에는 거울이 달려 있다. 거울을 향해 발사된 레이저는 거울에 반사된 후 다시 한

점에 모여 간섭무늬를 만든다. 두 관을 통해 같은 거리를 왕복한 두 빛은 보강 간섭을 일으켜 밝은 무늬를 만들지만, 중력파에 의해 한쪽 빛의 이동 거리가 조금이라도 변하면 간섭무늬의 밝기가 변하게 된다. LIGO에서는 이러한 간섭무늬의 밝기 변화

● 미국 루이지애나에 설치되어 있는 LIGO.

를 측정하여 원자핵의 지름(약 10^{-15}m)보다 작은 길이의 변화까지도 알아낼 수 있다. 라이고 과학 협력단에는 우리나라 과학자들을 비롯해 세계 여러 나라 과학자 1000여 명이 중력파 연구에 참여하고 있다.

새로 측정된 중력파는 우주를 관측하는 새로운 방법을 제공할 것이다. 지금까지는 가시광선을 비롯해서 다양한 파장의 전자기파를 이용해 우주를 관측했다. 그러나 전자기파로는 물질 내부를 들여다볼 수 없기 때문에 별 내부에서 일어나고 있는 일들이나 은하 중심에서 일어나는 일들을 관측할 수는 없었다. 중력파를 이용하면 별의 내부나 은하의 중심 부분은 물론 불투명했던 우주 초기까지 관측할 수 있을 것으로 기대하고 있다. 중력파는 우주를 관측하는 또 다른 강력한 수단을 제공해 우주에 대한 인류의 지식을 크게 확장시킬 것이다.

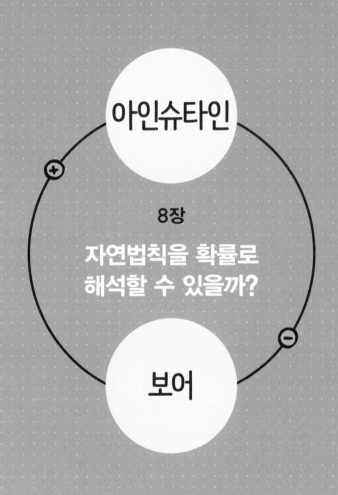

아인슈타인

8장

자연법칙을 확률로
해석할 수 있을까?

보어

제 5차
솔베이 회의에서의 결투

1927년 10월 24일 벨기에의 브뤼셀에서 저명한 물리학자들이 모이는 제5차 솔베이 회의가 열렸다. 벨기에의 화학자이며 사업가였던 어니스트 솔베이는 공업적으로 널리 사용되는 탄산나트륨의 제조법인 솔베이법을 발명해 화학 공업 발전에 크게 기여했고, 사업에서도 큰 성공을 거두었다. 그는 물리학과 화학 분야의 연구를 촉진하기 위해 물리학과 화학을 위한 국제 솔베이 재단을 설립했다. 솔베이 재단의 후원으로 열리는 솔베이 회의에는 초청을 받은 사람들만 참석할 수 있었다. 제1차 솔베이 회의는 1911년 가을 브뤼셀에서 열렸다. 그 후 3년마다 개최된 솔베이 회의 중에는 양자 역학의 해석을 놓고 아인슈타인과 보어 Niels Henrik David Bohr, 1885~1962가 대결을 벌였던 이 5차 솔베이 회의가 가장 유명하다.

10월 24일부터 29일까지 '광자와 전자'라는 주제로 열린 제5차 솔베이 회의에는 아인슈타인, 플랑크, 슈뢰딩거, 보어, 마리 퀴리를 비롯해 당시 물리학 연구를 주도하던 29명의 물리학자가 참석해 새롭게 완성된 양자 역학에 대해 열띤 토론을 벌였다. 보어가 주도하여 완성한 양자 역학의 내용은 이미 다른 강연에서도 발표되었기 때문에 회의에 참석한 물

● 제5차 솔베이 회의 참석자들. 아인슈타인은 앞줄 가운데 있고, 보어는 가운데 줄 오른쪽 끝에 앉아 있다. 사진에 있는 29명 중 17명이 노벨상을 받았다.

리학자들 대부분은 그 내용을 알고 있었다. 따라서 이 회의는 양자 역학의 성공을 확인하고 축하하는 자리가 될 것으로 예상했었다. 그러나 아인슈타인이 보어가 제안한 양자 역학에 반대하면서 회의는 아인슈타인과 보어의 결투장으로 변했다.

　아인슈타인은 보어가 제안한 양자 역학의 문제점을 조목조목 반박했다. 토론은 매일 아침 식사 시간에 아인슈타인이 보어의 양자 역학에 어긋난다고 여겨지는 사고 실험을 제안함으로써 시작되었다. 회의에 참석한 물리학자들은 하루 종일 아인슈타인이 제안한 사고 실험을 검토하고 토론했다. 저녁 식사 시간에는 보어가 아인슈타인이 제안한 사고 실험으로도 양자 역학을 반박할 수 없다는 것을 증명했다. 그러나 다음 날 아침이 되면 아인슈타인은 더 복잡한 사고 실험을 제안했다. 하지만 아인슈타인의 시도는 번번이 실패했다. 비슷한 논쟁이 며칠 동안 계속되자 회의에 참석한 물리학자들은 아인슈타인에게 "당신은 당신의 적들이 상대성 이론을 반대했던 것과 똑같은 방법으로 새로운 양자 이론에 반대하고 있습니다. 이제 그 정도에서 끝내는 것이 어떻겠습니까?" 하고 충고했다. 그러나 아인슈타인은 그런 충고마저 들으려 하지 않았다.

결국 제5차 솔베이 회의는 보어의 판정승으로 끝났다. 존경받는 물리학자로 솔베이 회의에 참석했던 아인슈타인이 회의장을 떠날 때는 외로운 사람이 되어 있었다. 솔베이 회의가 끝난 뒤에도 아인슈타인은 1955년에 세상을 떠날 때까지 양자 역학을 받아들이지 않았다. 아인슈타인과 보어는 서로 존경하는 사이였지만 학문적으로는 끝까지 화해하지 못했다. 그렇다면 아인슈타인이 그토록 반대한 양자 역학은 어떤 내용일까? 그리고 아인슈타인은 왜 그렇게 양자 역학을 반대했을까?

원자의 내부 구조를 밝혀내자

1800년대 말에 원자도 더 쪼갤 수 있다는 것이 밝혀지자 과학자들은 원자의 내부 구조를 연구하기 시작했다. 세상을 이루는 모든 물질은 원자로 이루어져 있으므로 물질의 성질을 이해하기 위해서는 원자에 대해 알아야 했다. 어쩌면 인류가 자연에 대해 알아낸 지식 중에서 원자에 대한 지식이 가장 위대한 지식일는지도 모른다. 현대 과학 또한 원자에 대한 지식을 바탕으로 하고 있다.

보어를 비롯한 젊은 과학자들이 완성하고 아인슈타인이 반대했던 양자 역학은 한마디로 말해서 원자의 내부 구조를 설명하는 이론이다. 원자의 내부 구조는 양자 역학을 통해서만 이해할 수 있다. 아인슈타인과 보어가 벌였던 결투의 내용을 이해하기 위해 먼저, 양자 역학이 원자의 내부 구조를 밝혀내는 과정을 따라가 보자.

원자는 아주 작기 때문에 아무리 성능이 좋은 현미경이라도 원자의 내부 구조를 볼 수는 없다. 전자 현미경을 이용하면 원자의 위치 정도는 알 수 있지만 원자의 모습을 자세히 볼 수는 없다. 따라서 원자의 내부 구조를 연구하는 과학자들은 원자 모형을 통해 이론적인 연구를 하고, 이론으로 예측한 결과를 실험을 통해 확인하는 방법으로 연구를 진행한다. 때에 따라서는 실험으로 알게 된 사실을 반영한 원자 모형을 만들어 이론적으로 연구하기도 한다.

1900년대 초에는 원자에서 방사선이 나온다는 것과 방사선에는 양(+)전기를 띤 입자의 흐름인 알파선, 음(-)전기를 띤 전자의 흐름인 베타선, 그리고 전자기파인 감마선이 있다는 것이 알려져 있었다. 그것은 원자 안에 양(+)전기를 띤 입자와 음(-)전기를 띤 전자가 들어 있다는 것을 뜻했다. 또한, 원자의 종류에 따라 원자에서 다른 스펙트럼이 나온다는 것, 원자를 차례로 배열하면 주기적으로 비슷한 성질의 원자가 놓이는 주기율표가 만들어진다는 것도 알고 있었다. 성공적인 원자 모형이 되기 위해서는 이런 사실들을 모두 설명할 수 있어야 했다.

최초의 원자 모형을 만든 사람은 전자를 발견한 영국의 조지프 톰슨이었다. 그는 양(+)전기를 띤 물질이 원자 전체에 퍼져 있고 여기저기에 음(-)전기를 띤 전자가 박혀 있다고 했다. 톰슨의 원자 모형은 원자에서 알파선과 베타선이 나오는 것은 설명할 수 있었지만 원자가 내는 스펙트럼과 주기율표는 설명할 수 없었다. 따라서 성공적인 원자 모형이라고 할 수 없었다.

톰슨의 제자였던 어니스트 러더퍼드는 원자에 알파선을 충돌시키는 실험을 통해 양(+)전기를 띤 작은 원자핵에 대부분의 질량이 모여 있고, 음(-)전기를 띤 가벼운 전자들은 원자의 텅 빈 공간에서 원자핵 주위를 돌고 있는 새로운 원자 모형을 제안했다. 러더퍼드의 원자 모형은 원자핵이 있다는 것을 밝혀내기는 했지만 여전히 스펙트럼과 주기율표는 설명할 수 없었다. 게다가 기존의 전자기학 이론에 의하면 원자핵 주위를 돌고 있는 전자는 전자기파를 방출하고 에

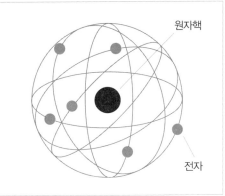

원자핵

전자

● 어니스트 러더퍼드와 그가 제안한 원자 모형.

너지를 잃기 때문에 원자핵으로 끌려 들어가야 했다. 전자가 원자핵 주위를 도는 그런 원자는 찌부러져서 존재할 수 없게 되는 것이다. 따라서 원자의 구조를 이해하기 위해서는 획기적인 새로운 아이디어가 필요했다. 새로운 아이디어는 엉뚱한 방향에서 얻어졌다.

양자화된 물리량

원소론에서는 물질을 얼마든지 작게 나눌 수 있다고 했지만, 원자론에서는 물질을 나누다 보면 더 이상 나눌 수 없는 원자가 남는다고 하였다. 1800년대 말에는 대부분의 과학자들이 원자론을 받아들였지만, 물질이 아닌 에너지나 운동량과 같은 물리량은 여전히 연속적인 값을 가질 것으로 생각했다. 에너지가 10에서 20으로 변하는 경우 에너지는 10과 20 사이의 모든 값을 거쳐 20에 이른다고 생각한 것이다. 그것은 너무 당연해 보였다.

그런데 1800년대 말, 물체가 내는 빛에 대해 연구하던 과학자들은 새로운 사실을 알아냈다. 전자기파의 에너지도 가장 작은 단위의 정수 배로만 존재하고, 가장 작은 단위의 정수 배로만 주고받을 수 있었다. 물질처럼 에너지도 가장 작은 단위가 있어서 연속적으로 아무 값이나 가질 수 있는 것이 아니라 띄엄띄엄한 값만 가질 수 있었던 것이다. 이것은 상식적으로 이해할 수 없는 일이었지만 그렇다고 해야만 물체가 내는 빛을 설명할 수 있었다. 이렇게 물리량이 최소 단위의 정수 배로만 존재하는 것을 물리량이 '양자화'되었다고 말한다. 양자 역학은 바로 양자화된 물리량을 다루는 역학이다.

전자기파의 에너지가 양자화되었다는 사실은 광전 효과에 대한 아인슈타인의 설명에서도 확인되었다. 광전 효과는 금속에 빛을 비췄을 때 전자가 튀어나오는 현상이다. 아인슈타인은 전자기파를 에너지 알갱이(광자)라고 생각함으로써 빛에 따라 다르게 나타나는 광전 효과의 실험 결과를 성공적으로 설명했다. 빛의 에너지가 양자화되어 있다는 아인슈타인의 발견은 양자 역학 발전에 크게 기여했다. 빛을 포함해서 모든 전자기파가 전자와 상호 작용할 때 파동이 아니라 알갱이로 상호 작용한다는 것은 다른 과학자들의 실험을 통해서도 확인되었다.

에너지가 연속된 값을 가지지 않고 최소 단위의 정수 배가 되는 값만 가진다는 것은 분명한 사실이다. 우리가 일상생활에서 그것을 느끼지 못하는 것은 에너지 알갱이의 값이 매우 작기 때문이다. 물이 물 분자라는 알갱이로 이루어져 있지만 물 분자의 크기가 아주 작아 물을 연속적인 물질로 느끼는 것과 마찬가지이다.

보어의 원자 모형

불완전한 러더퍼드의 원자 모형을 발전시켜 원자가 내는 스펙트럼을 성공적으로 설명한 사람은 덴마크의 닐스 보어였다. 보어는 원자핵 주위를 돌고 있는 전자가 모든 에너지를 가질 수 있는 것이 아니라 띄엄띄엄한 값의 에너지만 가질 수 있다고 가정했다. 러더퍼드의 원자 모형에서는 전자가 원자핵 주위에 있는 텅 빈 공간의 어디에서도 원자핵을 돌 수 있었다. 그러나 보어의 원자 모형에서는 전자가 띄엄띄엄한 값의 에너지만 가질 수 있으므로 정해진 궤도에서만 원자핵을 돌 수 있다. 보어는 전자가 한 궤도에서 다른 궤도로 건너뛸 때만 에너지를 잃거나 얻는다고 가정했다. 그렇게 하면 원자핵 주위를 돌고 있는 전자가 에너지를 잃지 않아도 되었고, 원자에서 나오는 빛이 전자 궤도의 에너지 차이에 해당하는 에너지만 가

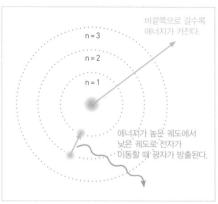

바깥쪽으로 갈수록
에너지가 커진다.

n = 3

n = 2

n = 1

에너지가 높은 궤도에서
낮은 궤도로 전자가
이동할 때 광자가 방출된다.

● 닐스 보어와 보어 원자 모형. 보어는 원자핵을 돌고 있는 전자가 띄엄띄엄 떨어진 궤도에서만 돌
수 있으며 한 궤도에서 다른 궤도로 건너뛸 때만 빛을 흡수하거나 방출한다고 했다.

질 수 있어 선스펙트럼을 내는 것을 설명할 수 있었다.

이런 가정은 당시 모든 사람들이 옳다고 믿고 있던 뉴턴 역학이
나 전자기학의 법칙으로는 설명할 수 없는 것으로, 보어의 창의적
인 아이디어였다. 따라서 어떻게 생각하면 아무런 이론적 근거나
과학적 정당성이 없는 원자 모형이라고도 할 수 있었다. 하지만 수
소 원자가 내는 스펙트럼의 종류를 잘 설명했기 때문에 과학자들은
보어의 원자 모형이 의미 있다고 생각했다. 물론 모든 설명이 다 완
전한 것은 아니었다. 스펙트럼의 세기를 설명할 수 없었을 뿐만 아
니라 주기율표에 나타나는 규칙성도 설명할 수 없었다.

볼프강 파울리Wolfgang Ernst Pauli, 1900~1958는 한 궤도에 들어갈 수 있는

전자의 수를 제한하는 방법으로 주기율표에서 규칙성이 나타나는 이유를 설명했다. 파울리는 주기율표에 배열되어 있는 원자들의 전자 수를 바탕으로 핵과 가장 가까운 궤도부터 차례로 2, 8, 18…개의 전자만 들어갈 수 있다고 했다. 예를 들면, 전자가 6개인 탄소 원자는 원자핵과 가까운 가장 안쪽 궤도에 전자가 2개, 두 번째 궤도에 전자가 4개 있다. 전자가 14개인 규소 원자는 가장 안쪽 궤도에 2개, 두 번째 궤도에 8개, 세 번째 궤도에 4개의 전자가 존재한다. 탄소와 규소는 이처럼 가장 바깥쪽에 똑같이 전자가 4개라서 비슷한 성질을 갖는다는 것이다.

하지만 아직 전자가 왜 특정한 궤도에서만 돌아야 하는지, 각 궤도에 들어가는 전자의 수가 왜 이런 값을 가져야 하는지를 수학적으로 증명하지는 못했다. 따라서 보어의 원자 모형이 양자 역학적 원자 모형으로 발전하기 위해서는 넘어야 할 산이 더 남아 있었다.

물질파 이론

보어의 원자 모형을 발전시킬 수 있는 새로운 아이디어를 제공한 사람은 프랑스의 루이 드 브로이^{Louis de Broglie, 1892~1987}였다. 드 브로이는 빛이 파동과 입자의 이중성을 가진다는 것에 착안하여 빛만 이중성을 가지는 것이 아니라 전자나 양성자와 같은 입자들도 파동의 성질을 가지고 있을 것이라고 생각했다. 그는 박사 학위 논문에서 입자의 파장을 계산하는 식을 제안했다. 처음에는 전혀 예상하지 못한 식에 당황했던 심사위원들은 아인슈타인의 조언을 듣고 드 브로이의 논문을 통과시켰다. 아인슈타인은 드 브로이의 아이디어가 매우 독창적이고 참신하다고 칭찬했다고 한다.

빛이 파동과 입자의 성질을 모두 가진다는 것도 놀라운 일이었지만 전자나 양성자와 같은 입자가 파동의 성질을 보인다는 드 브로이의 물질파 이론은 더욱 놀라운 일이어서 상식적으로는 받아들이기 어려웠다. 그러나 오래 지나지 않아 드 브로이가 예측한 대로 전자가 파동의 성질을 가진다는 것이 실험으로 확인되었다. 덕분에 드 브로이는 1929년에 노벨 물리학상을 받았다.

전자가 입자라고 생각하면 전자들이 특정한 궤도에서만 원자핵을 돌 논리적 이유가 없다. 따라서 보어의 원자 모형은 이론적 증명이 뒷받침되지 않은 실험적인 원자 모형에서 크게 벗어나지 못하고 있었다. 그러나 드 브로이의 물질파 이론이 맞다면 전자를 입자가 아니라 파동으로 볼 수도 있을 것이다. 전자를 입자가 아니라 파동으로 여기면 전자들이 원자핵 주위를 돌 때 특정한 궤도만 도는 것을 이론적으로 설명할 수 있다고 생각한 사람이 있었다. 그는 오스트리아의 물리학자 에르빈 슈뢰딩거Erwin Schrödinger, 1887~1961였다.

슈뢰딩거 방정식

슈뢰딩거는 드 브로이의 물질파 이론을 받아들여 전자를 입자가 아니라 파동으로 취급하기로 했다. 파동은 매질의 진동을 통해 에너지가 전달되는 것이다. 양쪽에서 실을 잡고 흔들면 실은 위아래로 진동만 할 뿐 실제로 이동하는 것은 진동 자체라는 것을 알 수 있다. 그런데 파동 중에는 입자와 비슷한 행동을 하는 파동도 있다. 총을 쏠 때는 큰 소리가 나는데, 총을 쏘는 사람 옆에 있으면 총소리가 귀를 아프게 때린다. 큰 폭발이 만들어 낸 큰 소리는 가까이에 있는 창문을 깨뜨리기도 한다. 이런 파동은 실의 진동이나 바닷가에서 볼 수 있는 파도와는 달리, 마치 야구공이 날아와 때리는 것처럼 큰 충격을 가한다. 그렇다고 이런 파동이 질량을 가지고 있는 알갱이인 것은 아니다. 슈뢰딩거는 전자와 같은 입자도 이런 파동일 것이라고 생각했다. 그는 실제로 전자의 질량이 퍼져서 이런 파동을 만든다고 생각했다. 원자핵 주변에 전자라는 알갱이가 돌고 있는 것이 아니라 전자의 파동이 돌고 있다고 생각한 것이다.

이제 남은 문제는 전자의 파동이 가지는 에너지를 비롯해서 여러 가지 물리량들을 결정해 줄 식을 찾아내는 일이었다. 슈뢰딩거는 1925년 말부터 1926년 초까지 이 식을 찾아내는 연구에 몰두했다. 연구 결과 그가 찾아낸 식이 슈뢰딩거 방정식이다. 슈뢰딩거 방정식을 풀면 전자의 행동을 나타내는 파동 함수를 구할 수 있었

● 에르빈 슈뢰딩거와 오스트리아 빈 대학의 슈뢰딩거 동상 기단부에 새겨진 슈뢰딩거 방정식.

다. 또한, 보어가 원자 모형에서 전자들의 상태를 나타내기 위해 사용했던 양자수들도 모두 구할 수 있었다.

보어의 원자 모형에 따르면, 전자는 띄엄띄엄한 값의 에너지만 가질 수 있다. 이 띄엄띄엄한 값들 중 가장 작은 에너지를 1번 에너지, 다음 에너지를 2번 에너지, 그 다음을 3번 에너지라고 부르기로 하자. 이 경우 1, 2, 3… 등이 바로 에너지를 나타내는 양자수이다. 전자가 가질 수 있는 물리량이 여러 가지 있으므로 이런 물리량에도 같은 방식으로 번호를 붙이면 여러 가지 양자수가 생긴다. 과학자들은 원자가 내는 스펙트럼과 주기율표를 설명하기 위해서는 네 가지 양자수가 필요하다고 제안했다. 그런데 슈뢰딩거 방정식을 풀면 이 네 가지 양자수를 이론적으로 모두 구할 수 있었다. 따라서 이 양자수들이 어떤 물리량을 뜻하는지 알 수 있게 되었다.

뉴턴 역학에서 가장 기본이 되는 식은 F=ma라는 식이다. 이 식은 다른 식이나 법칙으로부터 유도해 낸 것이 아니라 뉴턴이 발견한 식이다. 역학의 다른 모든 식들은 이 식으로부터 유도할 수 있다. 슈뢰딩거 방정식은 양자 역학에서 이 식과 같은 역할을 한다. 슈뢰딩거 방정식은 중·고등학교에서는 배우지 않는 미분 방정식으로 표현되기 때문에 중학생들이 이해하기는 어렵다. 지금은 슈뢰딩거 방정식이 양자 역학의 바탕을 이루고 있다는 식이라는 것을 알아두는 것만으로도 충분하다.

전자의 상태를 나타내는 양자수들을 슈뢰딩거 방정식으로부터 유도해 낸 것은 대단한 성공이었다. 원자의 구조를 수학적으로 풀어서 증명했다는 뜻이기 때문이다. 슈뢰딩거는 여러 곳에서 강의를 통해 자신이 찾아낸 방정식을 설명했다. 덴마크에 있던 보어를 방문해 원자 모형에 대해 토론하기도 했다.

양자 역학과 확률적 해석

한편, 오랫동안 보어와 교류하면서 양자 역학적 원자 모형을 만들기 위해 노력하고 있던 독일의 막스 보른Max Born, 1882~1970은 슈뢰딩거 방정식으로 구한 파동 함수에 대해서 전혀 다른 해석을 내놓았다.

당시에는 원자에서 나오는 방사선을 측정할 때 가이거 계수기라는 장치를 사용했다. 가이거 계수기에 전자가 들어오면 '삐' 소리가 나 전자가 들어왔다는 것을 알 수 있고, 들어온 전자의 개수를 셀 수도 있었다. 그런데 가이거 계수기로 측정해 보면 전자가 파동이 아니라 입자로 행동한다는 것을 알 수 있었다.

얼마 후 정밀한 실험이 가능해지자 과학자들은 전자를 하나씩 보내면서 전자의 행동을 관측했다. 전자를 하나씩 보내면 스크린에 여기저기 점이 찍혔다. 그것은 전자가 스크린에 부딪힐 때 파동이 아니라 입자로 부딪힌다는 걸 의미한다. 그러나 스크린에 도달하는 전자의 수가 수만 개를 넘어서면 스크린에 파동의 간섭무늬가 나타났다. 전자 하나하나는 입자로 행동하지만 많은 전자들은 파동의 성질을 나타낸다는 뜻이다.

보른은 이런 현상을 설명하기 위해 파동 함수는 전자의 파동이 아니라 전자가 어느 곳에서 측정될 확률이 얼마인지를 나타낸다고 설명했다. 오랫동안 함께 원자 모형을 연구해 온 보어의 연구 팀에서는 보른의 해석을 받아들였다. 보어의 연구 팀은 코펜하겐에 있는 이론 물리 연구소를 중심으로 활동했기 때문에 파동 함수의 확률적인 해석을 비롯한 양자 역학에 대한 설명을 '코펜하겐 해석'이라고 부른다.

코펜하겐 해석은 그전까지 설명하지 못했던 여러 가지 현상을 설명했다. 예를 들면, 불안정한 원자핵이 방사선을 내면서 안정한 원자핵으로 바뀌는 것을 방사성 붕괴라고 하는데, 방사성 붕괴에는 반감기라는 것이 있다. 방사성 원소가 붕괴하여 방사성 원소의 양이 처음 있던 양의 반이 되는 데 걸리는 시간이 반감기다. 반감기는 짧은 경우에는 수만분의 1초보다도 짧지만 긴 경우에는 수십억 년이 넘는 경우도 있다. 뉴턴 역학이나 전자기학의 이론으로는 반감기를 설명할 수 없었다. 그러나 파동 함수를 확률적으로 해석하면 반감기를 설명할 수 있었다. 불안정한 방사성 원소가 오랜 시간을 두고 천천히 붕괴하는 것은 확률의 지배를 받고 있기 때문이었다.

그러나 슈뢰딩거 방정식을 제안한 슈뢰딩거는 자신이 제안한 파동 함수를 확률적으로 해석하는 것을 반대했다. 자신의 파동 함수를 그렇게 해석할 줄 알았다면 차라리 슈뢰딩거 방정식을 발견하지 않았을 거라고 말하기까지 했다. 아인슈타인도 슈뢰딩거와 같은 생각이었다. 그는 자연 현상을 확률적으로 해석하는 것은 말도 안 된다고 주장했다. 아인슈타인이 오랫동안 가깝게 지냈던 보른 교수에게 보낸 편지를 보면 그런 생각이 잘 나타나 있다. "양자 역학은 틀림없이 매우 인상적입니다. 그러나 내 양심의 소리는 양자 물리학이 옳지 않다고 이야기하고 있습니다. 양자 역학은 많은 것을 이야기하고 있습니다. 그러나 양자 역학은 우리를 신의 비밀에 조금도 더 다가가게 하지 못했습니다. 나는 신이 주사위 놀이를 하고 있지 않다고 확신합니다."

1927년에 개최되었던 제5차 솔베이 회의에서 보어는 확률적 해석을 중심으로 한 양자 역학적 원자 모형을 소개했다. 그러자 양자 역학이 원자에서 일어나는 일들을 확률적으로 해석하는 데 불만을 가지고 있던 아인슈타인이 보어의 주장에 이의를 제기하고 나섰던 것이다. 하지만 아인슈타인이라는 거인과의 대결에서 보어가 승리했다. 전자기파의 에너지가 양자화되었다는 것을 밝혀내 양자 물리학의 기초를 다지는 데 중요한 역할을 했던 아인슈타인은 이렇게 해서 양자 역학으로부터 멀어졌고, 다시는 양자 역학으로 돌아오지 않았다. 양자 역학의 성립에 핵심적인 역할을 했던 아인슈타인과 슈뢰딩거가 양자 역학을 받아들이지 않은 것은 역설적인 일이다.

확률 구름 원자 모형

파동 함수를 확률적으로 해석한다는 것은 보어의 원자 모형에 있던 전자 궤도가 이제 더 이상 존재하지 않는다는 뜻이다. 전자들이 가질 수 여러 가지 물리량들은 양자수에 의해 특정한 값으로 정해지지만 전자의 위치는 정할 수 없다. 우리가 알 수 있는 것은 어떤 물리량을 가지고 있는 전자가 특정한 위치에서 발견될 확률뿐이다. 따라서 원자핵 주위를 돌고 있는 전자가 어디에 있느냐고 묻는다면 우리가 할 수 있는 답은 어떤 위치에서 전자가 발견될 확률이 얼마

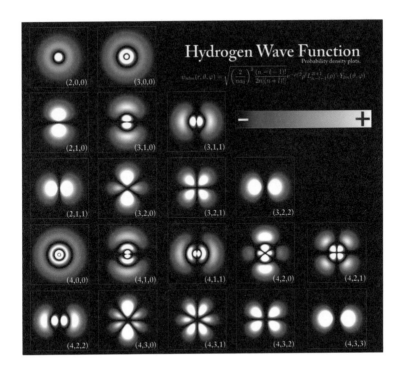

Hydrogen Wave Function
Probability density plots.

$$\psi_{nlm}(r,\vartheta,\varphi)=\sqrt{\left(\frac{2}{na_0}\right)^3\frac{(n-l-1)!}{2n[(n+l)!]}}\,e^{-r/2}\rho^l L_{n-l-1}^{2l+1}(\rho)\cdot Y_{lm}(\vartheta,\varphi)$$

(2,0,0)　(3,0,0)

(2,1,0)　(3,1,0)　(3,1,1)

(2,1,1)　(3,2,0)　(3,2,1)　(3,2,2)

(4,0,0)　(4,1,0)　(4,1,1)　(4,2,0)　(4,2,1)

(4,2,2)　(4,3,0)　(4,3,1)　(4,3,2)　(4,3,3)

● 에너지 준위가 각기 다른 경우 수소 원자 속 전자의 확률 구름. 양자수에 따라 확률 구름의 모양
이 다르다. 밝을수록 전자를 발견할 확률이 높은 곳이다.

나 되는지를 알려 주는 것뿐이다.

여러 장소에서 발견될 확률을 나타내기 위해서는 그림을 그려
보여 주는 것이 좋을 것이다. 전자가 발견될 확률이 큰 곳은 진하게
색칠하고 확률이 낮은 곳은 옅은 색으로 나타내면 마치 구름 같은
모양이 만들어지는데, 이것을 확률 구름이라고 한다. 따라서 양자

역학적 원자 모형에서는 전자의 모습이 구름 형태로 나타난다. 전자의 확률 구름은 양자수에 따라 매우 복잡한 모양을 하기도 한다. 예를 들면, 양자수가 작은 값일 때는 전자의 확률 구름이 원자핵을 중심으로 한 공 모양이지만, 양자수가 커짐에 따라 가운데 부분이 잘록한 아령 모양이었다가 다시 더 복잡한 모양으로 변한다.

양자수가 크면 확률 구름의 모양을 그림으로 나타내는 것마저도 쉽지 않다. 그러나 이러한 확률 구름 모형은 원자의 성질은 물론 원자들의 상호 작용을 설명하는 데에도 효과적이라는 것이 밝혀졌다. 원자들이 결합하여 분자를 이룰 때는 원자핵들 주위의 전자 확률 구름 모양이 변한다. 화학에서는 분자 주변의 확률 구름을 분석하여 분자의 화학적 성질을 설명하고 있다.

솔베이 회의 결투, 그 후

제5차 솔베이 회의 이후 슈뢰딩거나 아인슈타인과 같은 저명한 물리학자들의 반대에도 불구하고 보어 연구 팀이 제안한 양자 역학을 받아들이는 과학자들이 점점 늘어났다. 양자 역학이 원자와 관련된 여러 가지 현상을 설명하는 데 성공했기 때문이다. '하지만, 전자는 어디에 있단 말인가? 전자가 그곳에 있을 수도 있고 동시에 없을 수도 있다는 것을 어떻게 받아들여야 할까? 어떤 존재가 60%의 확률로 존재한다는 것이 가능한가?' 슈뢰딩거나 아인슈타인은 이처럼 논리적으로 이해할 수 없는 양자 역학을 받아들일 수 없다고 비판했지만 보어는 양자 역학이 원자의 행동을 정확하게 예측할 수 있다는 것만으로 충분하다고 생각했다.

인류 역사상 가장 위대한 과학자 중 한 명이었던 아인슈타인이 끝까지 양자 역학을 받아들이지 않았던 것은 양자 역학이 우리 상식에서 얼마나 멀리 벗어나 있는지를 잘 말해 준다. 아인슈타인은 우리가 양자 역학을 확률적으로 해석하는 것은 아직 원자에 대해 모든 것을 알지 못하기 때문이라고 했다. 언젠가 원자에 대해 더 많은 것을 알게 되면 확률을 이용하지 않고도 원자에서 일어나는 일들을 설명할 수 있을 것이라고 주장했다.

그러나 양자 역학은 원자의 구조는 물론 원자보다 작은 입자들의 행동도 성공적으로 설명해 냈다. 현재 우리가 알고 있는 물질들을 이루는 가장 작은 입자들의 행동은 모두 양자 역학으로 설명된다. 금속이나 반도체 안에 있는 전자들의 행동 또한 양자 역학을 이용해 성공적으로 설명해 내고 있다. 현대인의 필수품이 된 스마트폰이나 컴퓨터 속에는 반도체로 만든 칩이 들어 있다. 크기가 작으면서도 다양한 기능을 수행할 수 있는 이런 칩을 만들 수 있었던 것도 양자 역학을 통해 반도체 안에서 전자들이 어떻게 행동하는지를 이해할 수 있었기 때문이다.

지난 100년 동안 양자 역학은 많은 것을 이루어 냈다. 따라서

● 덴마크 코펜하겐 대학에 있는 닐스 보어 연구소.

이제 더 이상 양자 역학에 시비를 걸기 어렵게 되었다. 그러나 양자 역학을 받아들이는 것은 여전히 어렵다. 오늘날 양자 역학과 관련된 논쟁에서 아인슈타인 편을 드는 사람은 찾아보기 어렵지만 언젠가 아인슈타인의 주장이 옳다는 것이 밝혀지는 것은 아닐까 하는 생각마저 완전히 버릴 수는 없다. 아인슈타인과 보어의 결투는 정말 끝난 것일까? 우리는 정말 원자를 제대로 이해하고 있는 것일까?

상보성 원리와 슈뢰딩거의 고양이

　빛은 파동과 입자의 성질을 모두 가지고 있지만 파동의 성질과 입자의 성질이 동시에 나타나지는 않는다. 간섭과 같은 파동의 성질을 알아보기 위한 실험을 하면 파동의 성질이 나타나고, 광전 효과와 같은 입자의 성질을 알아보기 위한 실험을 하면 입자의 성질이 나타난다. 이처럼 두 가지 성질을 갖고 있지만 두 성질이 동시에 나타나지 않고 무엇을 측정하는지에 따라 한 가지 성질만 보이는 것을 '상보성 원리'라고 한다. 양자 역학에 대한 코펜하겐 해석에 포함되어 있는 상보성 원리는 과학자들뿐만 아니라 일반 사람들에게도 많은 생각거리를 던져 주었다.

　보어는 상보성 원리가 나타나는 까닭은 측정이 결과에 영향을 주기 때문이라고 설명했다. 막대의 길이를 측정할 때는 측정 활동이 막대의 길이를 변화시키지 않아야 막대의 정확한 길이를 알아낼 수 있다. 그런데 코펜하겐 해석에 의하면, 원자보다 작은 입자들을 측정할 때는 측정 활동이 입자에 영향을 끼친다. 따라서 입자의 상태를 변화시키지 않고 측정할 수 있는 방법은 없다.

　코펜하겐 해석이 맞다면, 우리가 측정을 통해 알아낸 것은 입자 자체의 상태가 아니라 입자의 상태와 측정 활동이 합해진 결과이다. 빛의 간섭무늬 또한

방사성 동위 원소

방사성 원소가 붕괴하여 방사선이 검출되면 기계 팔이 내려와 독가스가 든 병이 깨진다.

빛의 상태와 측정 활동이 결합하여 나타난 결과이고, 빛이 입자처럼 행동하는 것 역시 빛의 상태와 측정 활동이 결합하여 나타난 결과이다. 그렇다면 측정하지 않을 때의 빛은 어떤 상태일까? 측정하지 않을 때의 빛은 입자도 아니고 파동도 아니다. 어떤 실험에서는 파동의 성질을 보여 주고 어떤 실험에선 입자의 성질을 보여 줄 수 있는, 두 상태가 중첩된 어떤 상태이다. 이런 상태를 표현하기 위해 에딩턴은 파동이라는 뜻의 'wave'와 입자라는 뜻의 'particle'을 조합한 'wavicle(웨이비클. '파립자' 정도로 번역할 수 있다.)'이라는 단어를 쓰기도 했다.

슈뢰딩거는 양자 역학의 이런 설명을 반대하기 위해 '슈뢰딩거의 고양이'라는 사고 실험을 제안했다. 이 사고 실험에서는 방사성 원소와 고양이가 같은 상자 안에 들어 있다. 방사성 원소는 불안정해서 저절로 붕괴하여 방사선을 내고 다른 원소로 변해 가는 원소이다. 방사성 원소가 붕괴하여 방사선을 내면 기계 팔이 작동하고, 상자 안에 독가스가 퍼져 고양이는 죽게 된다. 그런데 양자 역학에 의하면 방사성 원소는 측정하기 전까지는 붕괴한 상태와 붕괴하지 않은 상태가 중첩된 상태로 존재하고, 측정을 하면 측정이 영향을 주어 두 상태 중 하나로 고정된다. 슈뢰딩거는 만약 양자 역학이 옳다면 상자의 뚜껑을 열어 확인하기 전까지는 고양이도 죽은 상태와 살아 있는 상태가 혼합된 상태에 있느냐고 물었다. 반은 죽고 반은 살아 있는 고양이는 있을 수 없으므로 양자 역학의 설명을 받아들일 수 없다는 것이다.

슈뢰딩거의 고양이에 대해 과학자들은 다양한 해석을 내놨다. 물질 사이의 상호 작용도 측정과 같은 효과가 있기 때문에 많은 원자로 이루어진 큰 물체에서는 물체의 상태가 하나로 고정된다는 설명도 그중 하나이다. 수많은 원자로 이루어진 고양이의 경우에는 원자들의 상호 작용 때문에 우리가 측정하기 전에 고양이가 죽었는지 살았는지가 이미 결정된다는 것이다. 한편, 우리가 측정하는 순간 우주가 고양이가 살아 있는 우주와 고양이가 죽어 있는 우주로 갈라진다는 설명도 있다. 측정을 통해 여러 상태 중 하나의 상태로 고정되는 것은 가능한 여러 상태의 우주 중 하나로 우리가 들어가는 것이라는 것이다. 놀랍게도, 말도 안 되는 것처럼 보이는 이런 해석을 진지하게 고려하는 과학자들도 많았다. 그런가 하면, 죽은 고양이와 살아 있는 고양이가 중첩되어 있다는 것은 많은 고양이가 있을 때 일부는 살아 있고, 일부는 죽어 있다는 의미라는 설명도 있다. 슈뢰딩거의 고양이 문제는 아직도 완전히 해결되었다고 할 수 없다. 상식을 뛰어넘는 양자 물리학과 함께 슈뢰딩거의 고양이에 대한 해석은 앞으로도 계속될 것이다.

빅뱅
우주론

9장

우주는
어떻게 시작되었을까?

정상
우주론

비둘기 배설물을 닦아 내는 연구원들

미국 벨 연구소의 연구원인 아노 펜지어스Arno Allan Penzias, 1933~와 로버트 윌슨Robert Woodrow Wilson, 1936~은 크로포드 힐 근처에 설치되어 있는 나팔 모양의 대형 안테나 표면에 묻은 비둘기 배설물을 열심히 닦아 내고 있었다. 이 안테나는 1960년에 벨 회사가 초단파(아날로그 텔레비전과 FM라디오, 무전기 등에 이용하는 주파수가 30~300MHz인 전파)를 이용한 통신 연구 프로젝트에 사용하기 위해 설치한 것이었다. 그러나 경제적인 이유로 회사가 그 프로젝트를 취소하자 천체에서 오는 초단파 신호를 잡아내는 데 안테나를 사용할 수 있게 되었다. 이 안테나는 크기가 매우 컸을 뿐만 아니라 주변에서 발생하는 전자기파로부터 잘 차단되어 있었기 때문에 천체에서 오는 약한 전파 신호를 수신하기에 알맞았다.

펜지어스와 윌슨은 본격적으로 천체에서 오는 신호를 수신하기 전에 먼저 안테나에 잡히는 잡음이 어느 정도인지 확인하기로 했다. 먼 곳에 있는 은하로부터 오는 아주 약한 신호를 수신할 때는 미세한 잡음도 심각한 문제를 만들 수 있기 때문이었다. 그들은 우선 안테나를 아무런 전파 신호도 오지 않을 것이라고 생각되는 쪽으로 향하게 하고 어떤 신호가 잡

● 펜지어스와 윌슨, 그리고 그들이 사용했던 초단파 수신 안테나.

히는지 알아보기로 했다. 안테나에 문제가 없다면 아무런 신호도 잡히지 않아야 했다. 그러나 그 방향에서도 크지는 않았지만 귀찮을 정도의 잡음이 잡혔다. 대부분의 천문학자들은 이 정도의 잡음은 무시하고 관측을 계속하고 있었다. 그러나 펜지어스와 윌슨은 좀 더 정확한 측정을 위해 이 잡음의 원인을 알아내 제거하기로 했다.

펜지어스와 윌슨은 안테나의 방향을 바꿔 가며 실험을 계속했다. 잡음은 모든 방향에서 잡혔다. 또한 잡음은 관측 시간에 관계없이 항상 세기가 비슷했다. "어쩌면 안테나 부품에서 생긴 잡음일지도 몰라. 부품을 모두 깨끗이 닦아 볼까?" 둘은 모든 부품을 깨끗이 닦고 알루미늄 테이프로 감싸기까지 했다. 그러자 잡음이 약간 줄

어들었다. 하지만 사라지지는 않았다. "혹시 저 비둘기 똥 때문은 아닐까?" 둘은 혹시나 하는 마음으로 비둘기 한 쌍이 거대한 안테나 표면에 묻혀 놓은 점 같은 배설물까지 닦아 내기로 했다. 그러나 모든 방향에서 언제나 잡히는 그 잡음은 사라지지 않았다. 그들은 그 잡음을 없앨 수도 없었고, 잡음이 왜 생기는지 알아내지도 못했다.

1963년 말에 펜지어스는 캐나다 몬트리올에서 열린 천문 학회에서 만난 매사추세츠 공과 대학의 버나드 부르케에게 그들을 괴롭히고 있는 잡음 문제를 이야기했다. 얼마 후 부르케는 전화를 걸어 놀라운 사실을 알려 주었다. "아무래도 당신들이 엄청난 것을 발견한 것 같아요. 그동안 프린스턴 대학 교수들이 우주 배경 복사를 수신하기 위한 프로젝트를 수행하고 있었거든요. 그런데 당신들이 없애려고 했던 그 잡음이 바로 우주 배경 복사 같단 말입니다. 만약 그것이 정말 우주 배경 복사라면 당신들은 인류 역사상 가장 위대한 것을 발견한 사람이 되는 겁니다."

부르케의 예상대로 펜지어스와 윌슨을 괴롭히던 잡음은 우주 배경 복사라는 것이 밝혀졌고, 펜지어스와 윌슨은 잡음을 발견한 공로로 1978년에 노벨 물리학상을 수상했다. 펜지어스와 윌슨에게 노벨상을 안겨 준 우주 배경 복사는 무엇일까? 그리고 부르케는 그것의 발견이 왜 인류 역사상 가장 위대한 발견이 될 거라고 말했을까?

우주 배경 복사는 우주가 138억 년 전에 빅뱅^{big bang}으로부터 시작되었다는 것을 알려 주는 결정적인 증거였다. 우주 배경 복사는 우주가 시작될 때 있었던 빅뱅의 흔적이기 때문이다. 불과 1000년 전에 있었던 일도 확실히 알기 어려운데 과학자들은 어떻게 138억 년 전에 있었던 일을 알 수 있다는 것일까? 더구나 지구나 태양계도 아니고 수천억 개의 별들이 모여 만들어진 은하를 수조 개나 포함하고 있는 광활한 우주가 빅뱅에서부터 시작되었다는 것을 어떻게 알 수 있을까? 빅뱅이란 도대체 무엇일까?

지금으로부터 150년 전까지만 해도 사람들은 우주가 언제 어떻게 시작되었는지에 대한 답을 성경에서 찾으려고 했다. 아일랜드의 대주교였던 제임스 어서는 성경을 바탕으로 우주가 기원전 4004년 10월 22일 오후 6시에 창조되었다고 주장하기도 했는데, 19세기까지는 과학자들 중에도 이런 주장을 믿는 사람이 많았다.

과학적 방법을 이용하여 지구의 나이를 측정하려는 시도는 19세기 말부터 시작되었다. 처음에는 불과 몇백만 년이라고 추정하던 지구의 나이는 연대 측정 방법이 정밀해질수록 점점 늘어났다. 지구의 나이가 늘어나자 우주는 영원히 존재하는 것이어서 시작이나 끝이 없다고 생각하는 사람들이 생겨났다. 우주가 시작과 끝이 없이 영원히 존재한다면, 우주가 언제 어떻게 창조되었는지, 또는 누가 창조했는지를 설명하지 않아도 된다. 상대성 이론을 발표하여 현대 과학의 선구자가 된 아인슈타인도 우주가 영원하다고 믿었던 과학자 중 하나였다.

아인슈타인은 자신이 제안한 일반 상대성 이론을 바탕으로 우주의 구조를 분석했다. 일반 상대성 이론에 의하면 우주를 이루는 시공간은 우주에 존재하는 질량으로 인해 평평하지 않다. 평평하지 않은 우주에서는 은하들이 정지한 상태로 있을 수 없고, 팽창하거나 수축하는 운동 상태에 있어야 했다. 공중으로 던진 공이 공중에 머물 수 없고, 올라가거나 떨어지는 운동 상태에 있어야 하는 것과 같은 이치이다.

그러나 아인슈타인은 우주가 영원할 것이라고 믿었기 때문에 팽창하거나 수축하고 있는 우주를 받아들일 수 없었다. 팽창하거나 수축하고 있는 우주는 시작과 끝이 있어야 했기 때문이다. 아인슈타인은 자신의 방정식을 고쳐서 이론적으로 우주가 팽창하거나 수축하지 못하도록 만들었다. 사람들의 상상력을 뛰어넘는 상대성 이론을 제안한 아인슈타인에게도 우주가 팽창하고 있다는 생각은 지나치게 급진적인 생각으로 보였던 것이다. 일반 상대성 이론을 바탕으로 우주를 연구한 과학자들 중에는 우주가 팽창하고 있다고 주장하는 사람도 여럿 있었지만 아인슈타인은 그들의 주장을 받아들이지 않았다.

허블과 팽창하는 우주

　확고했던 아인슈타인의 생각을 바꾼 건 관측 자료였다. 1927년에 미국의 천문학자인 에드윈 허블Edwin Powell Hubble, 1889~1953은 은하에서 오는 빛의 도플러 효과를 관측하여 실제로 우주가 팽창하고 있다는 것을 밝혀냈다. 방정식까지 고쳐 가며 팽창하거나 수축하는 우주를 인정하지 못했던 아인슈타인이었지만 실제로 우주가 팽창하고 있다는 관측 증거까지 받아들이지 않을 수는 없었다.

　우리에게 다가오는 소방차 소리와 멀어지는 소방차 소리가 다르게 들린다는 것은 누구나 경험을 통해 잘 알고 있다. 그것은 같은 소리라도 다가오는 물체에서 날 때와 멀어지는 물체에서 날 때, 소리의 진동수가 달라지기 때문이다. 물체가 다가올 때 나는 소리는 진동수가 큰 높은 소리로 들리고, 물체가 멀어져 갈 때 나는 소리는 진동수가 작은 낮은 소리로 들린다. 이처럼 다가오느냐 또는 멀어지느냐에 따라 파동의 진동수가 달라지는 것을 도플러 효과라고 한다. 도플러 효과의 정도는 속력에 비례하기 때문에 도플러 효과를 측정하면 물체가 멀어지는지 아니면 다가오고 있는지는 물론, 물체가 얼마나 빨리 다가오는지 얼마나 빨리 멀어지는지 속력까지 알 수 있다.

　도플러 효과는 빛의 경우에도 나타난다. 다가오는 물체가 내는 빛은 진동수가 커져 원래보다 더 파랗게 보이고, 멀어지는 물체가

물체가
가까워짐에
따라
진동수가
커진다.

물체가
멀어짐에
따라
진동수가
작아진다.

● 소리나 빛을 내는 물체가 화살표 방향으로 운동할 경우 나타나는 도플러 효과.

내는 빛은 원래보다 더 빨갛게 보인다. 은하나 별이 내는 빛은 은하
나 별을 구성하고 있는 원소들이 내는 고유한 스펙트럼을 포함하고
있다. 따라서 이런 스펙트럼을 조사하면 빛의 진동수가 커지는지
작아지는지 알 수 있고, 이를 통해 은하나 별이 멀어지고 있는지 가
까워지고 있는지를 알 수 있다. 또, 멀어지거나 가까워지는 속력도
계산할 수 있다.

허블은 은하에서 오는 빛의 도플러 효과를 측정하여 대부분의
은하들이 우리로부터 멀어지고 있다는 것을 알아냈다. 우리 은하
가까이에 있어서 우리 은하와의 사이에 강한 중력이 작용하고 있는
몇몇 은하를 빼면 모든 은하들은 우리로부터 멀어지고 있었다. 허
블은 또한 도플러 효과를 이용해 은하들이 멀어지는 속력을 조사하
고, 각 은하들까지의 거리를 측정했다.

은하처럼 멀리 있는 천체까지의 거리를 측정할 때는 주기적으
로 밝기가 변하는 변광성을 이용한다. 세페이드 변광성이라고 부르

● ── 에드윈 허블과 그가 사용했던 직경 2.5m의 후커 망원경(미국 로스앤젤레스 근처 윌슨산 천문대Mount Wilson Observatory 소재).

는 별은 주기적으로 밝아졌다 어두워졌다 하는데, 별이 밝을수록 한 번 밝아졌다 어두워지는 데 걸리는 시간이 길다. 따라서 세페이드 변광성의 주기를 측정하면 그 별의 실제 밝기를 알 수 있다. 망원경으로 관측한 별의 밝기는 별의 실제 밝기가 아니라 거리에 따라 달라지는 겉보기 밝기이다. 그러므로 망원경으로 측정한 겉보기 밝기와 변광성의 주기를 측정하여 계산한 별의 실제 밝기를 비교하면 멀리 있는 별이나 은하까지의 거리를 알 수 있다.

윌슨산 천문대에서 은하를 관측하고 은하들이 멀어지는 속력과 은하까지의 거리를 조사한 허블은 멀리 있는 은하일수록 더 빨리

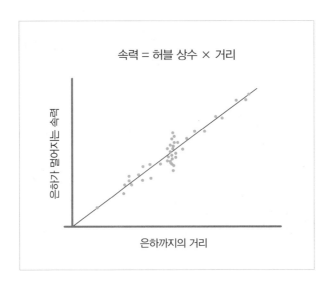

속력 = 허블 상수 × 거리

은하가 멀어지는 속력

은하까지의 거리

● ─ 허블 법칙을 나타내는 그래프.

멀어진다는 사실을 알게 되었다. 두 배 더 멀리 있는 은하는 두 배 더 빠른 속력으로 멀어지고 있었고, 세 배 더 멀리 떨어져 있는 은하는 세 배 더 빠르게 멀어지고 있었다. 1929년에 이런 결과를 발표한 허블은 1931년에는 더 많은 관측 자료를 통해 은하가 멀어지는 속력이 거리에 비례한다는 '허블 법칙'을 보다 확실하게 증명했다.

허블 법칙은 멀리 있는 은하까지의 거리를 알아내는 또 다른 방법이다. 은하의 도플러 효과가 거리에 비례하므로 도플러 효과만 측정하면 거리를 알 수 있다. 허블 법칙을 이용하여 아주 멀리 있는 은하까지의 거리를 측정할 수 있게 되자 우주에 대한 연구가 한층

활발해졌다.

한편, 허블 법칙은 거리를 측정하는 데 이용되는 것 이상의 중요한 의미를 포함하고 있었다. 그것은 바로 우주가 팽창하고 있다는 사실이다. 만약 1년 동안, 1억km 떨어진 곳에 있는 은하는 2억km로 멀어지고 2억km 떨어진 곳에 있는 은하는 4억km로 멀어졌다면 그것은 우주가 1년에 두 배로 팽창했다는 뜻이다.

허블의 관측과 허블 법칙의 발견으로 우주가 팽창하고 있다는 것은 부정할 수 없는 사실이 되었다. 그러자 아인슈타인도 더 이상 우주의 팽창을 받아들이지 않을 수 없게 되었다. 허블의 초청으로 부인과 함께 윌슨산 천문대를 방문하여 관측 장비들을 둘러본 아인슈타인은 1931년 2월 3일, 윌슨산 천문대 도서관에 모인 기자들에게 우주가 팽창하고 있다는 것을 받아들인다고 선언했다.

이로써 우주가 팽창하고 있다는 것이 확실해졌다. 우주가 팽창하고 있다면 과거의 우주는 현재의 우주보다 작았어야 한다. 그리고 더 먼 과거로 거슬러 올라가면 우주의 시작점이 있어야 한다. 따라서 과학자들은 우주가 어떻게 시작되었는지에 대해 연구하지 않을 수 없게 되었다.

빅뱅 우주론

빅뱅 우주론은 우주가 과거 특정한 시점에 한 점에서 갑자기 팽창하면서 시작되었다는 이론이다. 빅뱅 우주론을 처음으로 제안한 사람은 러시아 출신으로 미국에서 활동하고 있던 조지 가모[George Anthony Gamow, 1904~1968]였다.

1934년 소련을 떠나 미국에 정착한 가모는 그의 학생이었던 랠프 알퍼[Ralph Alpher, 1921~2007]와 함께 현재 관측되고 있는 우주에서 시작하여 시간을 거슬러 올라가면서 우주의 온도와 압력이 어떻게 변해가는지를 계산해 보았다. 과거로 거슬러 올라가 우주가 작아지면 작아질수록 우주의 온도와 압력은 높아졌다. 가모는 우주 초기의 아주 높은 온도에서는 모든 물질이 가장 기본적인 입자로 분리되어 있었을 것이라고 생각했다. 가모는 이번에는 기본적인 입자들로 구성된 아주 높은 온도의 우주에서 시작하여 시계를 앞으로 돌려 가면서 이 기본적인 입자들이 결합하여 원자들이 형성되는 과정을 알아보았다.

가모와 알퍼는 우주가 팽창을 시작하고 몇분 만에 현재 우주를 이루고 있는 수소와 헬륨 원자핵이 모두 만들어졌다는 결론을 얻었다. 그들의 계산에 의하면 우주가 시작되고 불과 몇분 동안에 대략 10개의 수소 원자핵에 1개의 비율로 헬륨 원자핵이 만들어졌고, 아주 약간의 리튬과 베릴륨 원자핵이 만들어졌다. 이것은 천문학자들이 측정한 우주의 조성과 일치하는 결과였다. 가모와 알퍼는 그들의 계산 결과를 1948년 4월 1일에 발표했다. 빅뱅 우주론이 등장한 것이다. 그러나 빅뱅 우주론은 우주에 존재하는 수소와 헬륨의 양을 설명하는 데는 성공했지만, 우주에 헬륨보다 무거운 원소가 존재하는 것을 설명하지는 못했다. 빅뱅 우주론에 의하면 우주 초기에는 무거운 원소들이 만들어질 수 없었다.

우주에 존재하는 무거운 원소의 문제는 그대로 남겨 놓은 채, 알퍼는 새롭게 연구 팀에 합류한 로버트 헤르만과 함께 팽창하는 우주의 다른 면을 연구하기 시작했다. 알퍼와 헤르만은 우주 초기로 돌아가 다시 우주의 진화 과정을 추적했다.

최초의 우주는 너무 뜨겁고 밀도가 높아서 모든 물질은 기본 입자로 분리되어 있었다. 다음 몇 분 동안은 헬륨과 몇몇 가벼운 원소의 원자핵이 합성되기에 적당한 온도였다. 그 뒤 우주가 더 팽창하자 우주의 온도가 더 내려가 더 이상 핵융합이 일어날 수 없게 되었다. 하지만 핵융합이 일어나기에 낮은 온도였을 뿐이지 우주의 온도는 아직 수백만 도가 넘었다. 이렇게 높은 온도에서는 전자와 원자핵이 결합하지 못하고 따로따로 존재한다. 따라서 우주는 전자와 수소 원자핵과 헬륨 원자핵같이 전기를 띤 입자들로 이루어져 있었다. 전기를 띤 입자들로 이루어진 기체와 비슷한 상태를 플라스마 상태라고 한다. 초기 우주는 한 치 앞도 보기 어려운 뿌연 플라스마 상태였다. 초기 우주에도 빛이 있었지만 빛은 우주를 채우고 있는 전기를 띤 입자들과 충돌하느라 앞으로 나아갈 수 없었다. 빛이 나아갈 수 없었기 때문에 우주는 마치 짙은 안개 속처럼 불투명했다.

안개가 걷히고 날이 개듯 우주가 맑아진 것은 우주의 나이가 38만 년쯤 되었을 때였다. 38만 년 동안 팽창을 계속한 우주는 온도가 약 3000K(K는 절대 온도로, 섭씨온도[℃]에 273도를 더한 값이다)로 식었다. 이 온도가 되자 전자와 원자핵이 결합하여 전기적으로 중성인 수소와 헬륨 원자가 만들어졌다. 우주는 이제 전기를 띠지 않는 수소 원자와 헬륨 원자로 가득하게 되었고, 빛 입자들은 아무런 방해 없이 우주를 마음대로 달릴 수 있게 되었다. 우주가 투명해진 것이다.

알퍼와 헤르만은 자신들의 계산이 옳다면, 우주 나이 38만 년에 중성 원자가 만들어지던 순간 우주를 달리기 시작한 빛이 오늘날에도 모든 방향에서 우리를 향해 오고 있어야 한다고 생각했다. 그 순간 우주를 채우고 있던 빛의 파장은 온도가 3000K인 물체가 내는 전자기파의 파장인 0.1mm일 것이다. 하지만 그 후 우주가 계속 팽창함에 따라 파장이 길어졌을 것이기 때문에 현재 그 빛의 파장은 온도가 영하 270℃(절대 온도 약 3K)인 물체가 내는 전자기파의 파장인 1mm 정도가 될 것이라고 그들은 예측했다. 이것이 우주 배경 복사이다. 파장으로 보면, 우주 배경 복사는 우리 눈에는 보이지 않는 초단파에 속하는 전자기파이다. 그런데 당시의 기술로는 우주 배경 복사를 측정할 수 없었기 때문에, 그때까지만 해도 우주 배경 복사는 빅뱅 우주론을 증명하는 데 아무런 도움이 되지 못했다.

정상 우주론

영국의 프레드 호일Fred Hoyle, 1915~2001은 1949년에 빅뱅 우주론을 반대하는 정상 우주론을 제안했다. 정상 우주론에서는 우주가 팽창하더라도 팽창하여 생긴 공간에 물질이 만들어져 채워지기 때문에 우주 전체의 모습은 변하지 않는다고 설명했다. 군에서 만난 토머스 골드, 헤르만 본디와 함께 우주론을 연구하던 호일은 빅뱅 우주론에 매우 비판적이었다. 빅뱅 이론으로는 빅뱅 이전에 어떤 일이 있었는지 알 수 없다는 것 때문이었다. 그들은 허블 법칙에 따라 우주가 팽창하고 있다는 것은 인정했다. 따라서 세 사람은 팽창하기는 하지만 전체적인 모습은 변하지 않는 정상 우주론을 제안했다.

호일은 정상 우주론을 설명하기 위해 계속 흐르지만 전체적으로는 변하지 않는 강물이나 산꼭대기에 걸려 있는 구름을 예로 들었다. 강에서는 물이 계속 흘러가고 새로운 물이 들어오고 있지만 강의 모습은 변하지 않고, 구름에서는 물방울이 수증기가 되고 수증기가 물방울이 되는 일이 계속해서 일어나고 있지만 구름의 모양은 그대로 유지된다. 우리 몸을 이루는 세포도 계속 새로운 세포로 교체되고 있지만 우리는 같은 사람으로 남아 있다. 호일과 그의 동료들은 이와 마찬가지로, 우주는 팽창하지만 우주가 팽창함에 따라 넓어지는 은하 사이의 공간에 새로운 물질이 생겨나기 때문에 우주는 항상 같은 밀도, 같은 상태를 유지한다고 설명했다. 그들은 물질

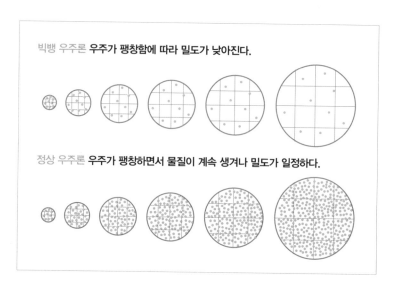

빅뱅 우주론 **우주가 팽창함에 따라 밀도가 낮아진다.**

정상 우주론 **우주가 팽창하면서 물질이 계속 생겨나 밀도가 일정하다.**

● 빅뱅 우주론에서는 우주가 팽창함에 따라 물질의 밀도가 작아지지만 정상 우주론에서는 물질이 생겨 팽창으로 생겨난 공간을 메우기 때문에 밀도가 변하지 않는다.

이 창조되는 과정을 제대로 설명하지는 못했지만 연속적으로 조금씩 물질이 창조되고 있다고 설명하는 것이 한순간 우주 전체가 창조되었다는 설명보다 훨씬 더 그럴듯하다고 생각했다.

이렇게 하여 1940년대 말에 대립하는 두 우주론이 등장하게 되었다. 천문학자들과 물리학자들은 각각 빅뱅 우주론과 정상 우주론을 지지하는 두 그룹으로 나뉘어 열띤 논쟁을 계속했다. 그들은 자신들이 지지하는 우주론이 맞고, 상대방의 우주론이 틀렸다는 것을 보여 주는 관측 증거를 찾으려고 노력했다. 많은 증거들이 제시되었지만 어느 쪽도 결정적인 증거를 찾지는 못했다. 확실한 증거도 없이 논쟁을 계속하던 학자들은 차츰 지치기 시작했다. 결론 없는 토론에 많은 시간을 쏟는 건 시간 낭비라고 생각하는 사람들이 늘어났다. 가모와 호일의 연구 팀도 해체되었다.

우주 배경 복사와 빅뱅 우주론의 승리

벨 연구소에서 안테나에 묻은 비둘기 배설물을 닦아 내고 있던 펜지어스가 천문학자 부르케로부터 전화를 받는 순간, 빅뱅 우주론과 정상 우주론의 지지부진하던 대결 상황이 갑자기 달라지기 시작했다. 펜지어스는 즉시 우주 배경 복사에 대해 연구하고 있던 프린스턴 대학의 로버트 디케 교수에게 연락해 자신들이 발견한 잡음에 대해 설명했다. 디케 교수는 바로 다음 날 연구원들과 함께 벨 연구소를 방문해 펜지어스와 윌슨을 괴롭혔던 잡음이 그들이 찾아 헤매던 우주 배경 복사라는 것을 확인했다. 펜지어스와 윌슨이 그렇게 없애려고 노력했던 잡음이 빅뱅 우주론과 정상 우주론의 논쟁을 종식시켜 줄 결정적인 증거였던 것이다.

1965년 여름에 펜지어스와 윌슨은 자신들이 발견한 것을 천문학회지에 발표했다. 600단어로 된 이 짧은 논문에서 그들은 관측한 사실만 기록했을 뿐 아무런 설명도 곁들이지 않았다. 대신 디케가

● 유럽 우주국ESA의 플랑크 위성이 측정한 우주 배경 복사 지도.

펜지어스와 윌슨이 발견한 것이 우주 배경 복사라는 것을 설명하는 논문을 같은 잡지에 실었다. 디케의 연구 팀은 우주 배경 복사에 대한 이론을 가지고 있었지만 관측 자료가 없었던 반면 펜지어스와 윌슨은 우주 배경 복사에 대한 이론은 모르는 채 관측 자료만 가지고 있었던 것이다. 프린스턴과 벨 연구소의 연구 결과를 결합하자 그들을 괴롭혔던 문제가 위대한 성공으로 바뀌었다.

　우주 배경 복사가 발견된 후 많은 과학자들이 빅뱅과 빅뱅 이후 우주의 진화 과정에 대해 연구하기 시작했다. 이에 따라 우주의 시작을 포함한 우주의 역사에 대해 많은 것을 이해할 수 있게 되었다. 처음에 빅뱅 우주론으로 설명하지 못했던, 우주에 헬륨보다 무거운 원소가 존재하는 것도 설명할 수 있게 되었다.

무거운 원소의 합성

빅뱅 우주론에 의하면 빅뱅 후 몇분 동안에 수소와 헬륨 원자핵이 만들어졌다. 우주를 이루고 있는 원소의 약 90%는 수소이고, 10%는 헬륨이다. 헬륨보다 무거운 원소들은 다 합해도 1%보다 훨씬 적은 양이다. 그러나 지구만 보면 수소나 헬륨보다는 철, 산소, 규소, 질소, 탄소와 같이 헬륨보다 무거운 원소들이 훨씬 많다. 우리 몸을 비롯해서 생명체를 구성하는 원소에도 헬륨보다 무거운 원소들이 많다. 지구와 생명체를 이루고 있는 무거운 원소들은 어디에서 온 것일까?

우주의 나이가 38만 년이 되어 온도가 약 3000K까지 내려가자 자유롭게 우주를 떠돌던 전자들이 원자핵과 결합하여 원자들을 만들었고, 우주는 투명해졌다. 그러나 우주가 계속 팽창하여 우주의 온도가 더 내려가자 빛의 파장이 길어져 캄캄한 우주가 되었다. 우주를 가득 채우고 있던 가시광선이 적외선으로, 다시 전파로 바뀌면서 눈에 보이지 않게 되었기 때문이다. 이때를 우주의 암흑 시대라고 한다.

암흑 시대 동안에도 우주는 계속 팽창했고, 우주의 온도는 점점 더 낮아졌다. 우주를 이루고 있던 기체 분자들의 운동은 느려졌다. 그러자 기체 분자가 활발하게 움직일 때는 힘을 쓰지 못했던 중력이 효과를 발휘하여, 다른 지역보다 질량이 많은 지역으로 기체 분

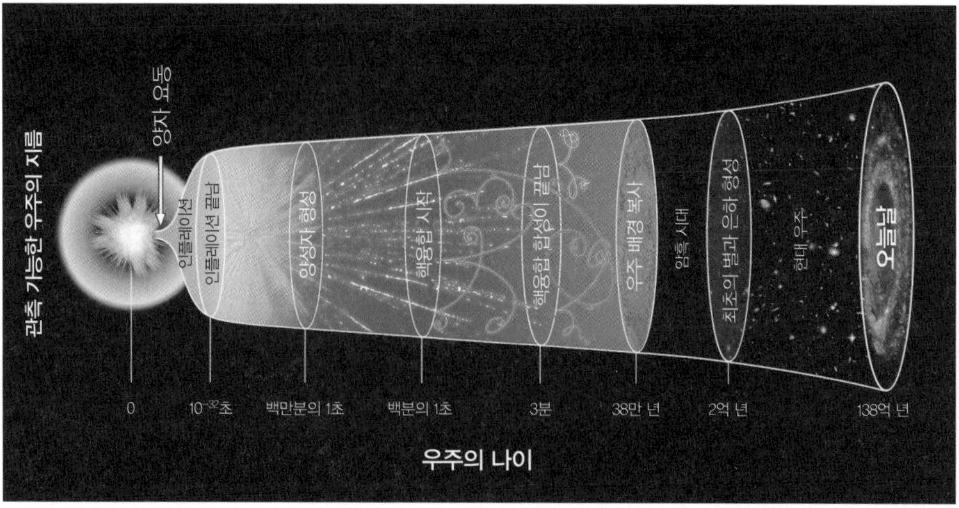
관측 가능한 우주의 지름
양자 요동
인플레이션
인플레이션 끝남
양성자 형성
핵융합 시작
핵융합 합성이 끝남
우주 배경 복사
암흑 시대
최초의 별과 은하 형성
현대 우주
오늘날
0
10^{-32}초
백만분의 1초
백분의 1초
3분
38만 년
2억 년
138억 년
우주의 나이

● 빅뱅 이후 우주의 역사.

자들을 끌어모으기 시작했다. 중력에 이끌려 많은 기체들이 모이자 중심의 온도가 올라갔다. 질량이 충분히 많이 모인 곳의 온도는 수소 원자핵들이 결합하여 헬륨 원자핵을 만드는 핵융합 반응이 일어날 수 있을 정도로 높아졌다. 핵융합 반응으로 빛을 내는 천체인 별이 우주 최초로 탄생한 것이다. 이제 어둡고 차가웠던 우주 여기저기에 빛나는 별 모닥불이 켜졌다.

별 내부에서는 계속해서 수소가 헬륨으로, 헬륨이 탄소로, 탄소가 다시 규소로 바뀌는 핵융합 반응이 일어나 무거운 원소들이 만들어졌다. 별이 바로 무거운 원소를 만들어 내는 용광로였던 것이다. 그러나 별 용광로에서는 원자 번호가 26인 철 원자핵까지만 만들어질 수 있다.

철보다 무거운 원소는 큰 별이 일생을 마치는 마지막 단계에 한꺼번에 만들어졌다. 많은 질량을 가지고 있는 큰 별은 일생의 마지막 단계에 초신성 폭발이라고 부르는 엄청난 폭발을 한다. 초신성 폭발 때에는 아주 짧은 시간에 별이 일생 동안 핵융합 반응을 통해 방출한 모든 에너지를 합한 것보다 더 많은 에너지가 방출된다. 이 엄청난 에너지가 철보다 무거운 원소들을 만들어 내면서 그동안 별 내부에 쌓아 두었던 원소들도 함께 우주 공간으로 날려 보낸다.

무거운 원소를 포함한 기체와 먼지 구름은 우주 공간으로 퍼지면서 온도가 내려가고, 이것들이 중력에 의해 다시 뭉치면 무거운 원소를 포함한 다음 세대 별이 탄생한다. 태양은 무거운 별이 폭발한 잔해 속에서 만들어진 별이다. 태양과 같은 별 주변에는 우리가 살고 있는 지구처럼 무거운 원소를 많이 가지고 있는 행성들이 만들어진다. 지구와 같은 행성들은 질량이 작아서 수소나 헬륨과 같은 가벼운 원소를 잡아 둘 수 있을 만큼 중력이 강하지 않다. 그래서 수소와 헬륨은 대부분 우주로 달아나고 무거운 원소만 남게 된 것이다.

우주의 미래는?

우리는 빅뱅이 왜 시작되었는지 잘 모르지만, 빅뱅 후에 어떤 일이 있었는지에 대해서는 많은 것을 알고 있다. 빅뱅 후 우주에는 물질이 만들어졌고 별과 행성과 생명체가 생겨났다. 그리고 빅뱅 이후 우주는 계속해서 팽창하고 있다.

팽창하는 우주에 작용하는 힘은 중력뿐이다. 자연에는 중력 외에도 전자기력, 강한 핵력, 약한 핵력, 이렇게 세 가지 힘이 더 있지만 이 힘들은 우주에서는 위력을 발휘하지 못한다. 천체는 전기적으로 중성이기 때문에 천체들 사이에는 전자기력이 작용하지 않고, 핵력은 아주 짧은 거리에서만 작용하기 때문이다. 따라서 우주의 팽창에 영향을 주는 것은 중력뿐이다.

중력은 항상 인력으로만 작용하기 때문에 팽창을 느리게 만든다. 우주의 미래는 우주의 팽창 속력이 얼마나 빠르게 느려지느냐에 달려 있다. 우주의 팽창 속력이 급속히 느려지면 우주는 팽창을 멈추고 다시 빅뱅을 시작했던 점으로 돌아갈 것이다. 그러나 우주의 팽창이 천천히 느려진다면 우주는 영원히 팽창을 멈추지 않을 것이다.

우주의 팽창이 얼마나 빠르게 느려지느냐를 결정하는 것은 우주에 있는 전체 질량이다. 질량이 어느 한계 질량보다 많으면 중력이 강해 우주는 팽창을 멈추고 다시 원래의 점으로 돌아가지만, 질량이 그 한계 질량보다 적으면 우주는 영원히 팽창한다. 우주의 운명을 결정할 한계 질량을 '임계 질량'이라고 한다. 과학자들은 물리 법칙을 이용하여 임계 질량을 계산했다. 그리고 관측을 통해 실제 우주의 질량이 임계 질량보다 많은지 혹은 적은지를 알아보았는데, 우리 우주는 임계 질량보다 훨씬 적은 질량을 가지고 있었다. 그렇다면 우주는 영원히 팽창을 계속하게 되는 것일까? 그러나 그것이 전부가 아니었다.

은하와 은하를 이루고 있는 별들의 운동을 조사한 과학자들은 은하나 별들이 중력 법칙이 예측한 것보다 훨씬 빠르게 운동하고 있다는 것을 알게 되었다. 태양계가 유지되고 있는 것은 태양계의 행성들이 중력 법칙에서 예측한 속력으로 태양을 돌고 있기 때문이다. 만약 행성들이 이보다 빠르게 돈다면 행성들은 태양계에서 멀리 달아나 버리고 말 것이다. 그런데 은하들은 훨씬 빠른 속력으로 은하단의 중심을 돌면서도 은하단을 벗어나지 않고 있었다. 이것은 은하에 우리가 측정할 수 없는 질량이 숨어 있을 때만 가능하다. 과학자들은 은하에 숨어 있는, 우리가 관측할 수 없는 질량을 '암흑 물질'이라고 부른다. 암흑 물질이라고 부르는 까닭은 아직 이 물질의 정체를 모르기 때문이다. 하지만 암흑 물질의 양이 우리가 관측할 수 있는 물질의 양보다 훨씬 많다는 것은 밝혀졌다. 따라서 우주의 미래를 알기 위해서는 암흑 물질의 양도 알아야 한다.

이뿐 아니라 과학자들은 지금부터 약 20년 전에 우주의 운명을 결정할 또 다른 것을 찾아냈다. 멀리 있는 은하에서 오는 빛을 조사하면 과거 우주가 얼마나 빠르게 팽창했는지 알 수 있다. 멀리 있는 은하에서 오는 빛은 오래전에 그 은하를 출발한 빛이기 때문이다. 발전된 관측 기술로 더 멀리 있는 은하의 속력을 정확하게 측정한 과학자들은 우주의 팽창 속력이 점점 빨라지고 있다는 것을 알게 되었다. 이것은 중력이 작용하는 우주에서는 팽창 속력이 느려져야 한다는 것과는 반대되는 사실이었다.

우주의 팽창 속력이 점점 빨라지기 위해서는 물질들끼리 서로 끌어당기는 중력과는 반대로 물질들이 서로 밀어내는 힘이 작용하고 있어야 한다. 과학자들은 밀어내는 힘을 만들어 내는 에너지를 '암흑 에너지'라고 부르고 있다. 암흑 에너지는 우리가 관측할 수 있는 물질과 암흑 물질을 합한 것보다 훨씬 더 많다는 것이 밝혀졌다. 따라서 우주는 정체를 알 수 없는 암흑 에너지로 인해 영원히 팽창을 계속할 수밖에 없게 되었다.

지난 100년 동안 인류는 우주에 대해 참으로 많은 것을 알아냈다. 우주에 비하면 작은 티끌에 지나지 않아 보이는 인류가 우주가 어떻게 시작되었는지를 밝혀낸 것이다. 그것은 인간 정신에 대한 자부심을 갖게 만든다. 하지만 아직 인류가 우주의 모든 것을 알아낸 것은 아니다. 앞으로 우주 이야기에 어떤 기상천외한 이야기가 더해질는지는 아무도 모른다. 아마도 우리는 우주의 모든 것을 알아낼 때까지 우주에 대한 연구를 멈추지 않을 것이다.

또 다른 우주가 존재할까?

우주를 나타내는 영어 단어 유니버스universe에서 유니uni는 하나라는 뜻을 가지고 있다. 다시 말해 'universe'라는 말에는 우주가 하나밖에 없는 세상이라는 뜻이 포함되어 있다. 138억 년 전에 시작된, 우리가 살고 있는 이 우주가 정말 단 하나밖에 없는 우주일까? 우리 우주 밖에 이 우주와 비슷한 수많은 우주가 있는 것은 아닐까?

1920년대에는 수많은 별들로 이루어진 은하가 하나뿐인가 아니면 은하 밖에 또 다른 은하가 있는가 하는 문제를 가지고 과학자들이 열띤 토론을 벌였다. 이 토론을 끝낸 사람은 허블 법칙을 발견한 바로 그 허블이었다. 허블은 1925년에 세페이드 변광성의 주기를 이용하여 안드로메다 은하까지의 거리를 측정하고 안드로메다 은하가 우리 은하 밖에 있는 또 다른 은하라는 것을 밝혀냈다. 그 후 과학자들은 우주에는 수천억 개의 별들로 이루어진 은하가 수조 개나 존재한다는 것을 알아냈다. 이런 역사를 잘 알고 있는 과학자들 중에는 우주도 하나가 아니라 여러 개일 수 있다고 주장하는 사람들이 있다.

물질을 쪼개고 쪼개면 결국 원자가 남는다. 그러나 원자도 양성자와 중성자, 그리고 전자로 이루어져 있다. 과학자들은 양성자와 중성자는 다시 쿼크라

● 멀티버스 상상도.

는 더 작은 입자들로 이루어져 있다는 것을 알아냈다. 그렇다면 쿼크를 더 작은 알갱이로 쪼갤 수는 없을까? 물질을 이렇게 계속 더 작은 알갱이로 쪼개다 보면 결국에는 가장 작은 알갱이가 아니라 작은 끈이 남는다고 주장하는 과학자들이 있다. 이런 이론을 끈 이론string theory이라고 한다. 끈 이론에 의하면 우주는 4차원 시공간이 아니라 10차원 내지는 11차원으로 이루어진 다차원 공간이다. 표면만 기어 다닐 수 있는 벌레가 3차원 공간에 살면서도 3차원 공간을 인식하지 못하고 2차원 평면밖에 모르는 것처럼 인간은 다차원 공간에 살면서도 3차원밖에 느끼지 못하고 살아가고 있다는 것이다.

끈 이론에서는 우리가 살고 있는 우주가 수없이 많은 우주 중 하나라고 설명한다. 이런 우주를 많다는 뜻의 멀티multi를 붙여서 멀티버스multibus, 다중 우

^주라고 부른다. 그러나 과학은 실재하는 세계를 다루는 학문이다. 아무리 훌륭한 이론이라고 해도 실험이나 관측을 통해 그것을 증명하기 전에는 과학적 사실이 될 수 없다. 끈 이론의 여러 가지 주장들은 그 어떤 것도 아직 실험을 통해 증명되지 못했을뿐더러, 실험으로 검증할 방법도 없다. 여러 개의 우주가 존재한다는 어떤 증거도 없는 것이다. 따라서 다중 우주에 대한 이야기는 아직 공상 과학 소설의 수준을 벗어나지 못하고 있다. 그러나 다중 우주는 사람들의 관심을 많이 끄는 주제임에는 틀림없으며 소설이나 영화에도 자주 등장한다. 만약 어느 날 끈 이론을 검증할 실험적인 방법이 고안되고 실제로 검증된다면, 그래서 우주가 여러 개의 우주로 이루어졌다는 것이 밝혀진다면 그것은 인간이 이루어 낸 어떤 과학 혁명보다도 더 큰 과학 혁명이 될 것이다.

▪ 사진 및 도판 제공

33쪽 「시금자」 위키미디어/ 갈릴레오 박물관Museo Galileo

48쪽 뉴턴의 사과나무 패러디 삽화 Wellcome Collection

76쪽 마이컬슨 간섭 실험 구조도 위키미디어/ Stigmatella aurantiaca

82쪽 다양한 파장의 전자기파 위키피디아/ Penubag

96쪽 볼타 전지 위키미디어/ GuidoB

103쪽 맥스웰 동상 기단부의 방정식 위키미디어/ Ad Meskens

125쪽 제임스 줄 Wellcome Collection

170쪽 쌍둥이 역설 위키미디어/ Ekrem Hajredini

176쪽 중력장 스페인 위키피디아/ Luis María Benítez

182쪽 중력 렌즈 효과 NASA & ESA

185쪽 LIGO LIGO Lab

193쪽 러더퍼드 원자 모형 위키미디어/ Jean-Jacques MILAN

196쪽 보어 원자 모형 위키미디어/ Bohr atom model English.svg:

200쪽 슈뢰딩거 동상 기단부의 방정식 영국 위키피디아/ Daderot

210쪽 슈뢰딩거의 고양이 위키미디어/ Nicolas Eynaud

221쪽 후커 망원경 ©Andrew Dunn, 1989

232쪽 빅뱅 이후 우주의 역사 위키미디어/ TheAstronomyBum

• 이 책에 사용한 사진은 저작권이 소멸되었거나 저작자를 표시하면 자유로운 이용이 가능한 사진들입니다.
저작권과 관련하여 사실과 다른 점이 발견될 경우 확인하여 수정하겠습니다.